MONOGRAPHIE
DU
GENRE ONOTHERA

PAR

MONSEIGNEUR H. LÉVEILLÉ
Prélat de la Maison de Sa Sainteté
Secrétaire perpétuel, Ancien Directeur de l'*Académie Internationale de Géographie Botanique*
Directeur du *Monde des Plantes*
Officier d'Académie

AVEC LA COLLABORATION POUR LA PARTIE ANATOMIQUE
DE

M. CH. GUFFROY
Ingénieur-Agronome (I. N. A.)
Secrétaire de la Société des Sylviculteurs de France et des Colonies
Rédacteur de la *Revue générale d'Agriculture*
Chevalier du Mérite Agricole

42 Planches hors texte en héliogravure de M. BELLOTTI
D'après les photographies de MM. l'Abbé CORBIN et TRICONNET
Dessins des échantillons d'herbier par M. GONZALVE DE CORDOUÉ
Dessins des principaux fruits par M. A. ACLOQUE
Dessins anatomiques et des graines par M. CH. GUFFROY
Descriptions, habitat et clefs analytiques
Distribution géographique des espèces dans l'Amérique du Nord
D'après les cartes de M. A. S. HITCHCOCK
Et dans l'Amérique du Sud d'après les cartes de l'auteur

PRIX : 100 francs (Prix de souscription : 50 fr.)
Il a été tiré 200 exemplaires tous numérotés

LE MANS
IMPRIMERIE DE L'INSTITUT DE BIBLIOGRAPHIE
ANCIENNE MAISON MONNOYER

1905

Onothera speciosa Nutt.
en fleurs.

(Deux tiers de grandeur).

10

Onothera speciosa Nutt.
en fruits.
(Deux tiers de grandeur).

GRAINES

SILIQUIFORMES.

A. — *Papilles formant une aile* par leur allongement et accolement.
= O. pterosperma.

B. — Graines lisses ou ne présentant pas cette disposition cardio-(phylla, brevipes, scapoidea, Parryi).

PRISMATIFORMES.

TORULOSAE.

Graines ordinairement *lisses.*

TORTILES.

Graines ordinairement papilleuses.

CLEF

DES

ESPÈCES DU GROUPE DES SILIQUIFORMES

1. Plante naine, à graine ailée............. O. PTEROSPERMA.
   Plante non naine, à graine lisse......... 2.

2. Feuilles arrondies, cordiformes, asegmentées............................... O. CARDIOPHYLLA.
   Feuilles allongées, atténuées, souvent segmentées......................... O. BREVIPES.

ranthiforme ; calice à sépales lancéolés, barbus, corolle à pétales entiers ; veinés, étamines moitié plus courtes que la corolle mais dépassant le style; stigmate indivis, en forme de coupe ou de disque.

Capsule *siliquiforme*, courte ou parfois très allongée, pédicellée, glabre ou velue, verte, tronquée, obtuse, souvent pourvue d'une bractée à sa base, parfois à quatre raies d'un blanc jaunâtre ; pédicelle plus court que la capsule.

Graine : jaune, piriforme, lisse, parfois légèrement papilleuse.

Les fleurs de cette espèce demeurent fermées le jour et s'ouvrent le soir comme chez beaucoup d'Onothera. Elles passent souvent au rose en se flétrissant.

Les variétés *parvifolia* et *parviflora* ont été établies par Watson pour des formes microphylles ou parviflores de l'espèce, mais ces variations sont aussi instables que fréquentes chez *toutes* les espèces d'Onothera et ne méritent nullement qu'on s'y arrête.

Fleurit d'avril à septembre dans les lieux sablonneux et pierreux.

DISTRIBUTION GÉOGRAPHIQUE

Nevada : Lincoln Co. (*P. W. Davis*). — S. W. Colorado : sand bar of Rio de Los Mancos, not common, juillet ; n° 4353 (*T. S. Brandegee*). — Arizona : Hardyville 8 mai 1876 ; n° 10107 (*E. Palmer*). — Southern Utah : rocky hillsides near St-Georges, mai 1874 ; n°s 2336 2337, 73-74 (*C. C. Parry*). — S. Nevada : Lincoln Co., El Dorado Canon, 1880 (*P. W. Davis*). — Southern Utah, avril 1874 sub n. *O. nov. sp.* (*C. C. Parry*) ; Nevada : Bunkervilles in gravel 1550 feet, 4 juin 1894 ; n° 5026 (*Marcus E. Jones*). — California : Argus Mountains, 5000 feet, 11 mai 1897 (*Marcus E. Jones*). — California : San Bernardino, Desert, Mammouth P. (*S. B. Parish.*). — Utah, 8500 feet, 5 août 1894 ; n° 5188 (*Marcus E. Jones*). — Utah : St-Georges, 1875 (*E. Palmer*).— California, 1876, n° 137 (*E. Palmer*, sub nom. *O. longipedis*). — South. California : San Bernardino Mountains of the Mojava Desert, mai 1882 ; n° 784 (*S. B.* et *W. F. Parish*). — South. Utah, 1874 ; n° 73 (*C. C. Parry*).

Race **Parryi** Watson.

Synonymie : *Chylisma Parryi* Auct. — *Œ. heterochroma* Watson.

Feuilles simples ordinairement sans segments secondaires, ovales irrégulièrement dentées ; à face supérieure d'un vert sombre, l'inférieure tomenteuse blanchâtre ; *non radicales* ; *capsules courtes*, ovales ; ordinairement égales au pédicelle ou plus courtes que le pédicelle ; hérissées, arrondies, cylindriques, striées, obtuses au sommet, munies d'une bractée à la base ; *fleurs petites*, *disposées* en très nombreuses grappes terminales ; plante ordinairement rameuse à tige souvent rougeâtre, velue, hérissée, ainsi que les rameaux.

Les feuilles de cette forme rappellent un peu celles de certains *Hieracium*.

DISTRIBUTION GÉOGRAPHIQUE

South Utah : abundant on base gypseous clay hills near St George, mai 1874 ; n° 2238 (72) (*C. C. Parry*). — Utah : Panguitch Lakes, 8400 feet, 9 juillet 1894 (*Marcus E. Jones*). — South Utah, 1877 ; n° 167 (*E. Palmer*). — Nevada : Soda Sp. août 1889 (*A. S. Skockly*).

Var. **scapoidea** Torrey et Gray.

Feuilles, *surtout les radicales, à segments secondaires, ordinairement nombreux* ; *fleurs assez petites et nombreuses ; capsules courtes*, ordinairement nombreuses, parfois arquées, quelquefois étalées à angle droit, style plus long que les étamines, stigmate exsert ; plante souvent rameuse dès la base.

Cette variété est exactement intermédiaire entre le type de l'espèce et la race *Parryi*.

Distribution géographique. — S. Nevada : Lincoln Co., El Dorado Canon, 1880 (*P. W. Davis*). — Colorado : Whitewater Colorado Desert, avril 1891 (*C. R. Orcutt*). — South California : Palm Springs

Phot. Bellotti. Cliché de MM. Triconnet et l'abbé Corbin.

Onothera brevipes Gray.

Var. scapoidea Torr. et Gr.

SILIQUIFORMES

21. — **ONOTHERA BREVIPES** Gray.

SYNONYMIE : *Œ. clavaeformis* Torr. et Frém. — *Œ. cruciformis* Kellogg. — *Œ. scapoidea* Torr. et Gr. — *Œ. Parryi* Wats.

DIAGNOSE

Racine fibreuse, parfois pivotante, ordinairement simple.

Tige droite ou rarement couchée, simple ou rameuse, glabrescente ou velue, parfois fistuleuse.

Feuilles d'un beau vert, souvent raphanistriformes, parfois la plupart radicales, plus rarement caulinaires, rarement sans segments ou lobes secondaires sur le pétiole (et dans ce cas ovales), le plus souvent à segments distants, entremêlés parfois de segments plus petits (segment terminal oval, irrégulièrement denté ainsi que les segments secondaires, parfois subcordiforme), glabres ou velues, nettement et souvent longuement pétiolées, fréquemment ciliées au bord, à nervures quelquefois violettes ou rougeâtres ; segments incisés, dentés ou roncinés.

Fleurs jaunes ou orangées, rarement blanches, petites, moyennes ou même assez grandes ; inflorescence lâche, d'aspect cruciforme ou chei

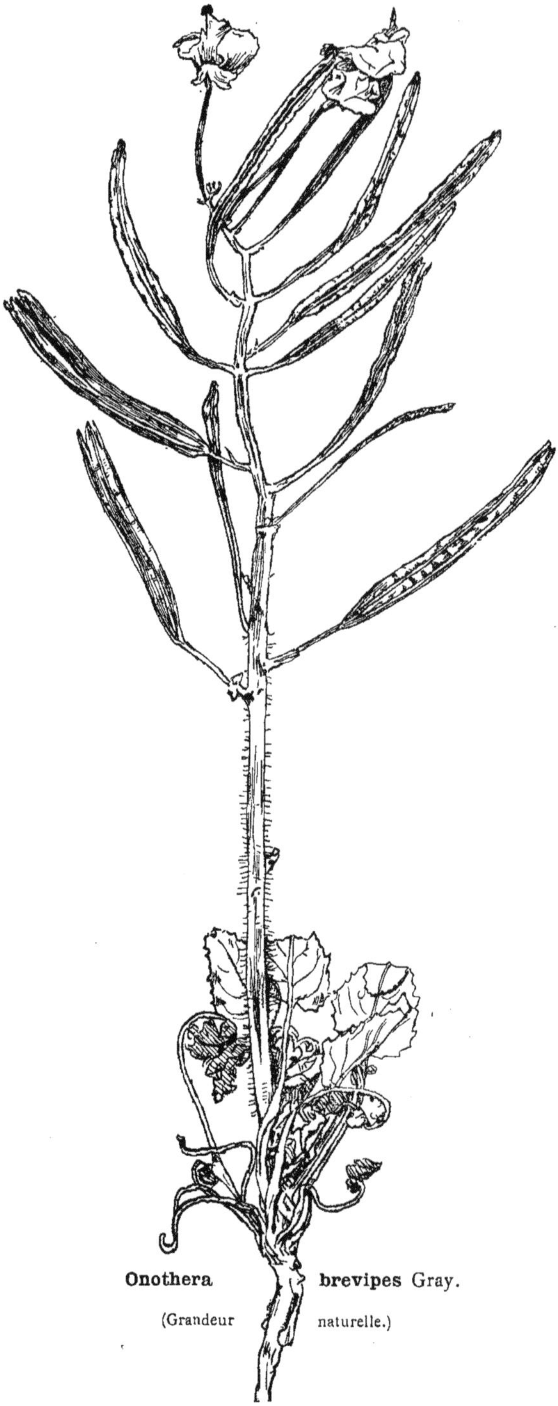

Onothera brevipes Gray.

(Grandeur naturelle.)

Onothera brevipes Gray.
Race **Parryi** Watson

(Rameau en grandeur naturelle.)

(Agua Caliente), desert base of San Jacinto Mt., 500-700 feet, 4-13 avril 1896; n° 4116 (*S. B. Parish*) sub nom. var. *aurantiacae* Wats.) — Eastern Oregon, common in the dry interior region, 20 juillet 1898; n° 1944 (*Wm. C. Cusick.*). — West. Indiana: Fort Bridger, juillet 1873; n° 2340 (*Thos. C. Porter*). — Colorado: near Canon City, juin 1874; n° 2341 (927) (*T. S. Brandegee*). — Wyoming: Green River, 30 mai 1897; n° 3025 (*Aven Nelson*). — Colorado: Grant Junction, mai 1892 (*A. Eastwood* sub nom. *O. cardiophyllae* Torr.) — Colorado: Palisade Mesa Co., 4.600 feet., 29 mai 1894 (*S. Crandall*). — California Inyo Co., Funeral Mountains, 21 mai 1891; n° 447 (*Fred. Coville* et *Fred. Funston*). — Wyoming, N. M. 1873; n° 112 (*C. C. Parry*). — South Arizona: Camp Grant, rocky ravines, 22 avril 1867 (*Dr Edw. Palmer* sub. nom. *Œ. clavaeformis*). — California: Inyo Co., near Death Valley, 210 m., 20 janv. 1891; n° 190 (*Fred. V. Coville* et *Fred. Funston*). — Carson Lake sand hills, 27 juin 1889. — Utah: Gate of Gibraltar, 3 juin 1889. — S.-E. Utah: Moab, mai 1892 (*A. Eastwood*). — Arizona: Lee's Ferry, 13 juin 1890 (*M. E. Jones*). — South. California, 1876; n° 32 (*C. C. Parry* et *J. G. Lemmon*). — California: San Bernardino, 1880 (*S. B. Parish*). — California: San Bernardino Co., Pipe Canon, 4,000 feet; San Bernardino Mountains and their eastern base, 16 juin 1894, n° 2954 *S. B. Parish* sub nom. *O. gauraeflora* Torr. et Gr.). — Arizona: Ehrenberg, 4 mars 1876, n° 10108 (138) (*E. Palmer* sub. nom *Œ. clavaeformis* Torr. var. *aurantiaca* Wats.— California; San Bernardino Co., 1876; n° 10835 (132). *C. C. Parry J. G. Lemmon*). — Utah: R. R. station, 1882 (*T. S. Brandegee*). — S. E. California: dry beds of creeks *Asynocho*, 4,000-5,000 feet, avril-sept. 1897 (*C. A. Purpus* sub. nom. var. *purpurascentis*. — California: the Needles, 3 mai 1884; n° 3818 (*Marcus E. Jones*). — California: San Bernardino Co. and Diego Co., Desert, mars 1881 (*S. B.* et *W. F. Parish*). — n° 132 (*C. C. Parry J. G. Lemmon*). — Utah: Milford, 5,000 feet, 17 juin 1880: n° 1778 (*Marcus E. Jones*).

22. **ONOTHERA PTEROSPERMA** Watson

SYNONYMIE : *Kneiffia chrysantha* Spach. — *Kneiffia pumila* Spach.

DIAGNOSE

Racine fibreuse simple.

Tige grêle, filiforme très petite (1 décimètre de hauteur au maximum), glabrescente ou pubescente, nue ou presque nue, portant une feuille ou deux au-dessous de l'inflorescence, celle-ci peu feuillée.

Feuilles petites, sublinéaires ou linéaires-lancéolées, atténuées en pétioles, *alternes ou opposées,* glabres ou pubescentes, subentières ou à dents écartées, atténuées au sommet.

Fleurs très petites; sépales dressés, corolle à gorge infundibuliforme ; stigmate indivis. Capsule siliquiforme courte, épaisse gonflée, parfois subtoruleuse, très pédicellée, *glabre ou pubescente* rappelant celle d'*O. Parryi.*

Graine : hérissée-ailée surtout à une extrémité, présentant la forme d'un pain fendu ; couverte de papilles digitées.

O. pterosperma

(Grandeur naturelle)

Au premier abord on serait tenté de rattacher cette espèce au stirpe *brevipes* mais la graine ailée est tellement caractéristique qu'elle différencie cette plante de toute autre espèce d'Onothère.

Fleurit d'avril à juillet dans les lieux rocailleux.

DISTRIBUTION GÉOGRAPHIQUE

South Utah : Beaver Dam Mts. mai 1874 ; n° 70 (*C. C. Parry*). Cette petite espèce est assurément l'une des plus curieuses et des plus caractérisées du genre. Sa graine ne permet pas de la réunir aux espèces voisines. Elle est en outre étroitement localisée dans l'Utah et, à notre connaissance, elle n'a pas encore été rencontrée ailleurs.

23. — **ONOTHERA CARDIOPHYLLA** Torrey

DIAGNOSE

Racine fibreuse, épaisse.

Tige assez robuste, glabre ou pubescente, parfois velue tomenteuse, simple ou peu rameuse, dressée ou ascendante.

Feuilles arrondies, suborbiculaires cordiformes, alternes, munies de dents assez longues, écartées et irrégulières; pubescentes, très pétiolées; à pétiole égalant environ le limbe.

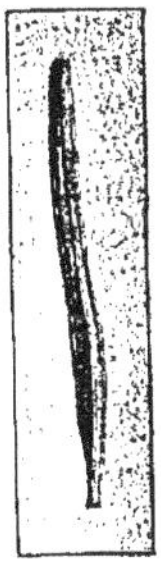

Capsule

Fleurs jaunes, subsessiles, assez grandes; pétales entiers; stigmate indivis en forme de coupe.

Capsule siliquiforme, allongée, plus ou moins pédonculée, glabrescente ou pubescente-velue, subcylindrique, à 4 valves uni-nervées.

Graine : d'un jaune-brun, petite, lisse, oblongue-piriforme.

Fleurit d'avril à juin dans les lieux rocailleux.

DISTRIBUTION GÉOGRAPHIQUE

South. California : Riverside Co., Palm Springs (Agua caliente), desert, base of San Jacinto Mt. 500-700 feet, 4-13 avril 1896; n° 4118 (*S. B. Parish*). — California: Panamint Canon, 2,000 feet, 3 mai 1897 (*Marcus E. Jones*). — North. lower California : Rosario 30 avril 1886; n° 1333 (*C. R. Orcutt*). — South. California, 1876; n° 132 (*C. C. Parry* et *J. G. Lemmon*). — South. California : San Bernardino, San Diego Co., Mammouth Park, Desert, mai 1882; n° 10834 (*S. B.* et *W. F. Parish.*).

Onothera cardiophylla Torr.

(Rameaux de la plante en grandeur naturelle).

GROUPE DES SILIQUIFORMES

I. — DESCRIPTION DES TYPES

O. pterosperma

FEUILLE épaisse de 260 μ.

MÉSOPHYLLE centrique.

FAISCEAU LIGNEUX large de 105 μ, épais de 28 μ (R = 3,75).

POILS : nuls.

O. cardiophylla

FEUILLE épaisse de 165 μ.

MÉSOPHYLLES subbifacial.

FAISCEAU LIGNEUX large de 115 μ, épais de 60 μ (R. = 1,91).

POILS de deux natures :

Les uns lisses, claviformes, à paroi mince, longs de 105-115 μ, larges de 8-10 μ.

Les autres finement verruqueux, aigus, dressés, longs de 170 235 μ, larges de 8-10, à paroi épaisse 1,5 μ.

O. scapoidea.

Feuille épaisse de 345 μ.
Mésophylle centrique.
Faisceau ligneux large de 184 μ, épais de 71 μ (R = 2,59).
Poils de deux natures :
Les uns lisses, claviformes, à paroi mince, longs de 100-140 μ, larges de 8-10 μ.
Les autres finement verruqueux, aigus ou subaigus, appliqués ou arqués appliqués, longs de 80-115 μ, larges de 9-13 μ, à paroi épaisse de 1,5-2 μ.

O. brevipes

Feuille épaisse de 375 μ.
Mésophylle centrique.
Faisceau ligneux large de 547 μ, épais de 92 μ (R = 5,94).
Poils de deux natures :
Les uns lisses, claviformes, à parois minces, longs d'environ 100 μ et larges de 7 μ.
Les autres finement verruqueux, aigus ou subaigus, à paroi épaisse de 2-3 μ : une partie dressés, longs de 65-385 μ et larges de 10-16 μ; une partie appliqués ou arqués appliqués, longs de 80-240 μ et larges de 13-16 μ.

O. Parryi.

Feuille épaisse de 305 μ.
Mésophylle centrique.
Faisceau ligneux large de 278 μ, épais de 89 μ (R = 3,12).
Poils comme dans O. brevipes, mais les poils verruqueux dressés plus longs, atteignant jusqu'à 775 μ; les poils claviformes ayant de 65 à 90 μ.

II. — DESCRIPTION RÉSUMÉE

Glabræ

FEUILLE épaisse de 260 μ.
MÉSOPHYLLE centrique.
FAISCEAU LIGNEUX large de 105 μ, épais de 28 μ (R = 3,75).

Heterotrichæ

FEUILLE épaisse de 165-375 μ.
MÉSOPHYLLE centrique ou subbifacial.
FAISCEAU LIGNEUX large de 115-547 μ, épais de 60-92 μ (R = 1,91 à 5,94).
POILS de deux sortes :
Des lisses, claviformes, à paroi mince, longs de 65-140 μ, larges de 7-10 μ ;
Des verruqueux, aigus ou subaigus, dressés (cardiophylla), appliqués (scapoidea) ou les deux à la fois (autres espèces), longs de 65-775 μ, larges de 8-16 μ, à paroi épaisse de 1, 5-3 μ.

III. — CONSPECTUS DES ESPÈCES

I. Feuilles glabres ; faisceau petit (105 × 28 μ ; R = 3,75) = *O. pterosperma*.

II. Feuilles poilues, à poils de deux natures : les uns lisses, claviformes, les autres finement verruqueux, aigus ou subaigus.

A. Une seule sorte de poils verruqueux.

α. Poils verruqueux tous dressés, longs de 170-235 μ ; mésophylle subbifacial ; faisceau ligneux large de 115 μ, épais de 60 μ (R = 1,91) ; feuille épaisse de 165 μ = *O. cardiophylla* β. Poils verruqueux tous appliqués ou arqués appliqués, longs de 80-115 μ; mésophylle centrique; faisceau ligneux large de 184 μ, épais de 71 μ (R = 2,59); feuille épaisse de 345 μ = *O. scapoidea.*

B. Deux sortes de poils verruqueux, les uns dressés, les autres appliqués ou arqués appliqués (longs de 80-240 μ).

α. Poils dressés longs de 65-385 μ; faisceau ligneux très large (547 × 92 μ; R = 5,94) = *O. brevipes.*

β. Poils dressés atteignant jusqu'à 775 μ de longueur; faisceau ligneux large (278 × 89 μ; R = 3,12) = *O. Parryi.*

IV. — GROUPEMENT EN SECTIONS

1re Section (glabræ) : *pterosperma.*
2e Section (heterotrichæ) :
  1re Sous-section : *cardiophylla.*
  2e Sous-section : *scapoidea.*
  3e Sous-section : *brevipes*, *Parryi.*

V. — CLASSIFICATION

Spec. 1 : *O. pterosperma.*
2 : *O. cardiophylla.*
3 : *O. scapoidea.*
4 : *O. brevipes.*
β. *Parryi.*

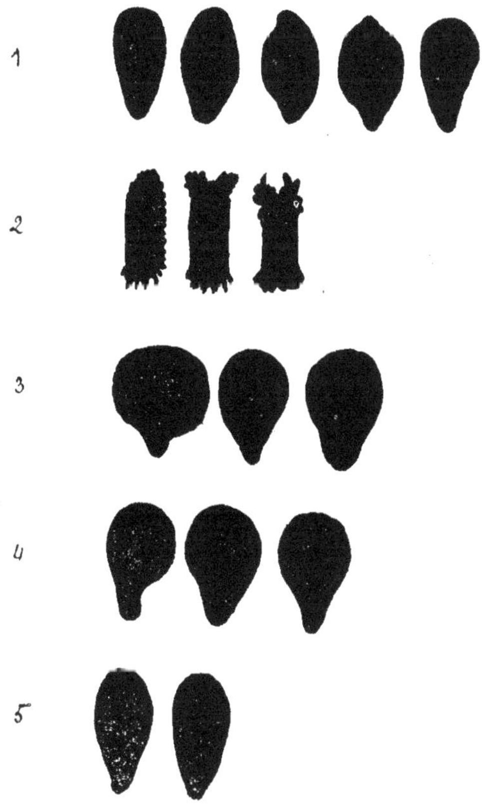

GRAINE : 1, O. cardiophylla; 2, O. pterosperma; 3, O. brevipes; 4, O. scapoidea; 5, O. Parryi.

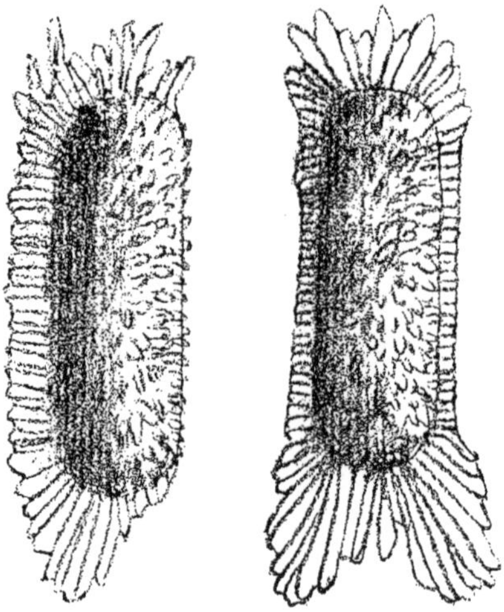

Graine : O. pterosperma (grossie environ 60 fois)

I

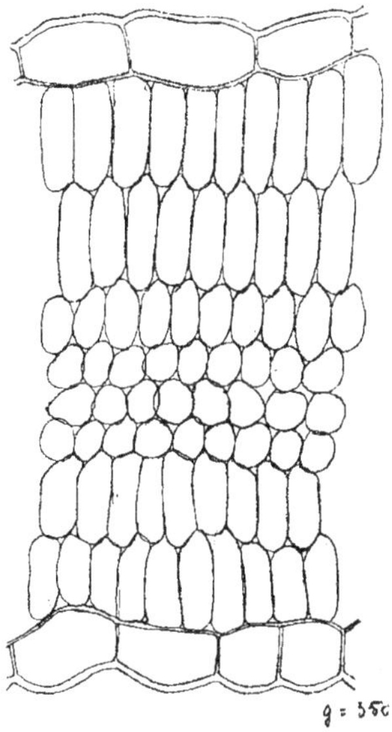

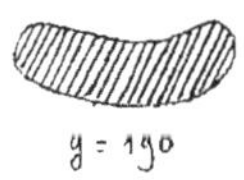

2

DESSINS ANATOMIQUES D'O. PTEROSPERMA

1, Coupe transversale de la feuille (grossissement : g = 350). — 2, Coupe transversale du faisceau ligneux (g = 190)

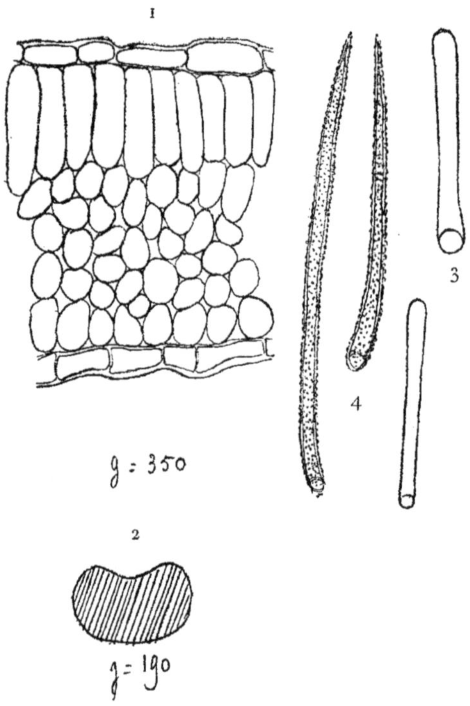

DESSINS ANATOMIQUES D'O. CARDIOPHYLLA

1, Coupe transversale de la feuille (grossissement : g = 350). — 2, Coupe transversale du faisceau ligneux (g = 190). — 3, Poils lisses (g = 350). — 4, Poils verruqueux (g = 350).

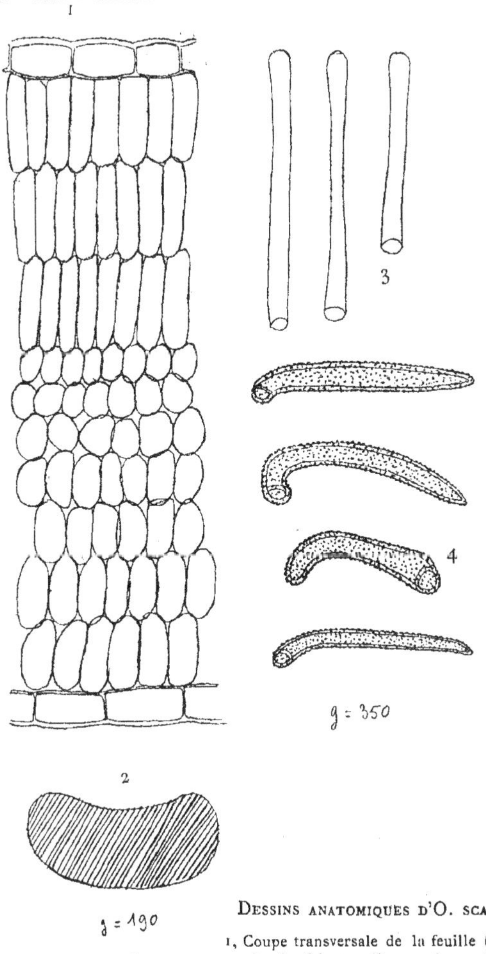

DESSINS ANATOMIQUES D'O. SCAPOIDEA.

1, Coupe transversale de la feuille (grossissement : 3 = 350). — 2, Coupe transversale du faisceau ligneux (g = 190). — 3, Poils lisses (g = 350). — 4, Poils verruqueux (g = 350).

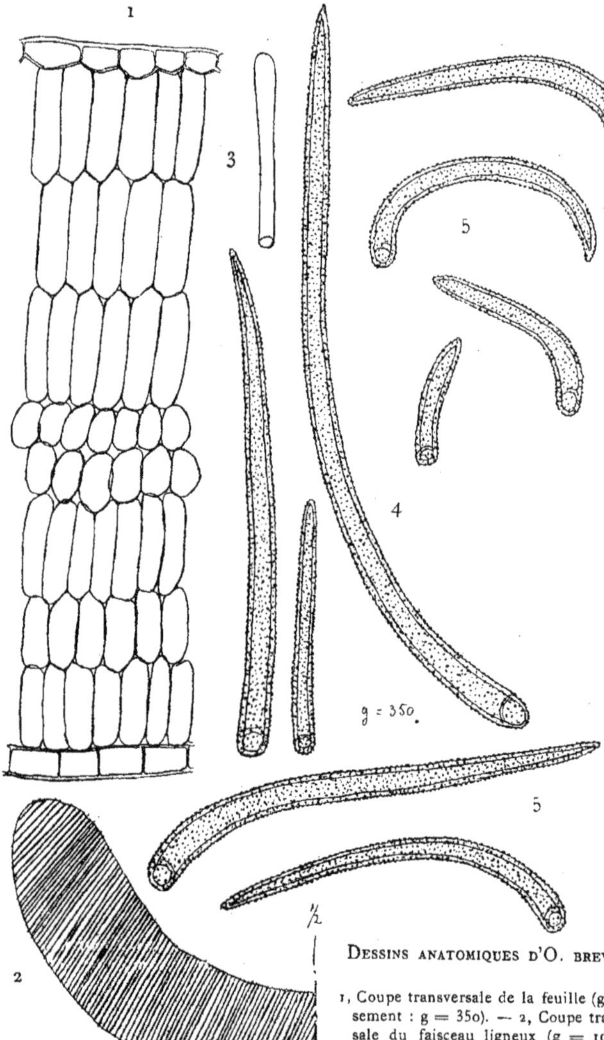

DESSINS ANATOMIQUES D'O. BREVIPES

1, Coupe transversale de la feuille (grossissement : g = 350). — 2, Coupe transversale du faisceau ligneux (g = 190). — 3, Poil lisse (g = 350). — 4, Poils verruqueux dressés (g = 350). — 5, Poils verruqueux arqués ou arqués-appliqués (g = 350).

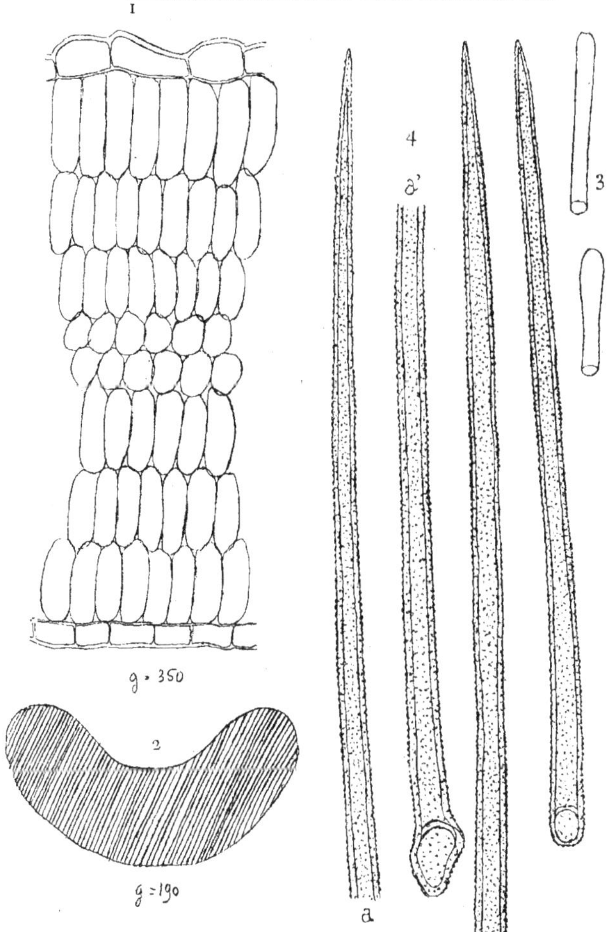

DESSINS ANATOMIQUES D'O. PARRYI

1, Coupe transversale de la feuille (grossissement : g = 350). — 2, Coupe transversale du faisceau ligneux (g = 190). — 3, Poils lisses (g = 350). — 4, Poils verruqueux (g = 350). — (Le reste comme O. brevipes).

NOTA : Les lettres a, a', indiquent les points de raccord des deux parties d'un même poil, scindé pour la commodité du dessin.

CLEF

DES

ESPÈCES DU GROUPE DES PRISMATIFORMES

Torulosae

1.	Tube du calice nul....................	O. GRACILIS.
	Tube visible..........................	2.
2.	Feuilles étroitement linéaires...........	3.
	Feuilles lancéolées....................	4.
3.	Capsule sessile	O. TORULOSA.
	Capsule plus ou moins stipitée.........	O. GAYOPHYTUM.
4.	Fleurs assez grandes	O. HYSSOPIFOLIA.
	Fleurs très petites......................	O. ANDINA.

LES GAYOPHYTUM

Nous ne cacherons pas que cette curieuse section du genre *Onothera* qui, par elle, se relie aux Epilobium (l'*E. paniculatum* formant la transition), nous a causé beaucoup d'embarras. Ce travail étant une œuvre impartiale et de bonne foi, nous avons tenu à nous faire au sujet de ces plantes délicates une conviction solide avant de passer outre et de publier ce groupe difficile.

Notre éminent collègue, M. William Trelease, dans un savant mémoire paru dans le 5e rapport annuel du *Jardin botanique du Missouri*, en 1894, sous ce titre, *Revision of the north american species of Gayophytum and Boisduvalia*, a parfaitement montré la distinction qui existe entre le genre *Epilobium* pourvu d'une aigrette et les *Gayophytum* qui en sont dépourvus. Mais entre ces derniers et les espèces du genre *Onothera*, il n'existe pas de différence tranchée ; les différences données : tube du calice plus allongé, ovaire 4—cellulé et couleur jaune ne sont pas constants, même chez les *Onothera* ainsi dénommés depuis longtemps. Nous en verrons ultérieurement de frappants exemples. On trouve en dehors du groupe des *Gayophytum* des fleurs blanches ou d'un rose pourpre. Le tube du calice varie étonnamment en longueur dans tout le genre. L'épiderme papyraceexfolié des *Gayophytum* se retrouve chez de très nombreuses espèces d'*Onothera*.

Après les travaux et recherches anatomiques de MM. Parmentier et Guffroy nous n'hésitons pas à faire rentrer les *Gayophytum* dans le genre *Onothera*.

Quant à la distinction des espèces elle nous a coûté de patientes études et de longues réflexions. La grandeur des fleurs ne saurait entrer en ligne de compte, puisque chaque espèce d'Onothera offre en général les formes à grandes fleurs et les formes à petites fleurs. Les graines glabres ou papilleuses ne sauraient pas plus être prises comme base d'un caractère spécifique chez les *Gayophytum* qu'elles ne le doivent être chez les *Epilobium*. Ce caractère paraît d'ailleurs si peu constant que, chez le *Gayophytum eriospermum* Coville, M. Trelease a trouvé des échantillons à graines glabres ou papilleuses qu'il suppose hybrides de l'*eriospermum* et du *diffusum*. Nous avions à choisir entre l'analyse et la synthèse. Nous avons préféré celle-ci comme conforme aux faits et à la vérité.

En somme, dans l'état présent de nos connaissances nous réunissons les *Gayophytum* aux *Onothera*; nous ne distinguons leurs diverses formes, groupées en une seule espèce, qu'à titre de races ou de variétés. Nous exceptons pourtant le *Gayophytum gracile* Phil. qui nous paraît spécifiquement distinct. On trouvera la plupart de ces formes reproduites par notre très distingué dessinateur M. Gonzalve de Cordoue, d'après les échantillons de l'herbier de l'Académie.

Phot. Bellotti, Saint-Etienne. Cliché de MM. l'abbé Corbin et Triconnet.

Onothera gracilis (Philippi) Lévl.

PRISMATIFORMES

I. — Torulosae

24. — **ONOTHERA GRACILIS** (Philippi) Lévl.

SYNONYMIE : *Gayophytum gracile* Philippi.

DIAGNOSE

Racine grêle, pivotante.

Tige grêle, pubérulente, très rameuse, à rameaux étalés divariqués filiformes, peu élevée.

Feuilles très petites, linéaires filiformes, glabrescentes, très écartées, acuminées.

Fleurs rougeâtres, *très petites*, bractéolées; calice à sépales acuminés sétacés, dépassant la corolle; étamines incluses.

DISTRIBUTION GEOGRAPHIQUE

Andes du Chili de la province de Coquimbo jusqu'à celle de Colchagua. — Las Mollacas prov. Aconcagua (*Philippi*). — Mendoza, puenta del Inca (*H. Cornwallis Rogers*).

25. — ONOTHERA GAYOPHYTUM Lévl.

SYNONYMIE : *Gayophytum lasiospermum* Greene. — *G. eriospermum* Coville. — *G. ramosissimum* Torr. et Gr. — *G. diffusum* Torr. et Gr. — *G. cæsium* Torr. et Gr. — *G. Nuttalii* Torr. et Gr. — *Œnothera cæsia* Nuttall. — *Œnothera micrantha* Nuttall. ; Presl. — *Œnothera tenuissima* Auct. — *Œ. racemosa* Nuttall. — *Gayophytum pumilum* S. Watson. — *G. micranthum* Hook et Arn. — *G. minutum* Philippi. — *G. robustum* Philippi. — *G. humile* de Jussieu. — *G. densifolium* Philippi. — *G. racemosum* Philippi. — *G. minutum* Philippi. — *G. racemosum* Torr. et Gr. — *Onothera minutiflora* Dietr. — *Sphaerostigma divaricatum* Gay.

DIAGNOSE

Racine pivotante, parfois bifurquée.

Tige tantôt naine, tantôt élevée, presque toujours rameuse, glabre, à épiderme ordinairement papyracé exfolié, à rameaux souvent grêles et flexueux.

Feuilles allongées, étroitement linéaires, parfois très rapprochées.

Fleurs très petites, blanchâtres ou rougeâtres ; étamines à anthères de grosseur variable; stigmate globuleux, parfois élargi, dilaté.

Capsules linéaires, glabres ou velues, toruleuses, tantôt longuement stipitées chez les formes robustes, tantôt subsessiles chez les formes naines.

Graines jaunes ou brunes, glabres ou plus souvent papilleuses, parfois finement pubescentes ; ovales ou oblongues-elliptiques, souvent anguleuses, plus ou moins atténuées au sommet, rarement obtuses aux deux extrémités.

RACE **Treleasiana**

Plante à tige et rameaux élancés, diffus, à feuilles écartées et à capsules nettement et souvent longuement stipitées; graines atténuées à une extrémité.

CLEF DES FORMES :

1.	Graines velues..................	2.
	Graines glabres ou papilleuses....	3.
2.	Fleurs petites à pétales long. de 1mm	*lasiosperma* Greene.
	Fleurs médioc. à pét. long. de 3 à 6mm	*eriosperma* Coville.
3.	Pétales longs de 1 à 2mm.........	*ramossissima* Torr. et Gray.
	Pétales longs de 3 à 6mm.........	*diffusa* Torr. et Gray.

RACE **Philippiana**

Plante parfois naine (*humilis*); à tige et rameaux courts, parfois épaissis (*robusta*); à feuilles rapprochées, souvent serrées (*densifolia*); à capsules subsessiles; graines ovales ou oblongues atténuées ou obtuses (*densifolia*).

Nous réunissons sous ce nom toutes les formes de l'Amérique du Sud, y compris la forme *robusta* Philippi et la forme *cæsia* Torr. et Gray (*racemosa* Torr. et Gray; *Nuttalii* Torr. et Gray) à capsules étroitement linéaires.

Les figures nombreuses que nous donnons permettront mieux que toute diagnose d'identifier les diverses formes de cette race.

Fleurit de juin à septembre dans l'hémisphère boréal et de janvier à février dans l'hémisphère austral, dans les lieux secs, sablonneux et rocailleux, les bois de pins, particulièrement dans les vallées des montagnes.

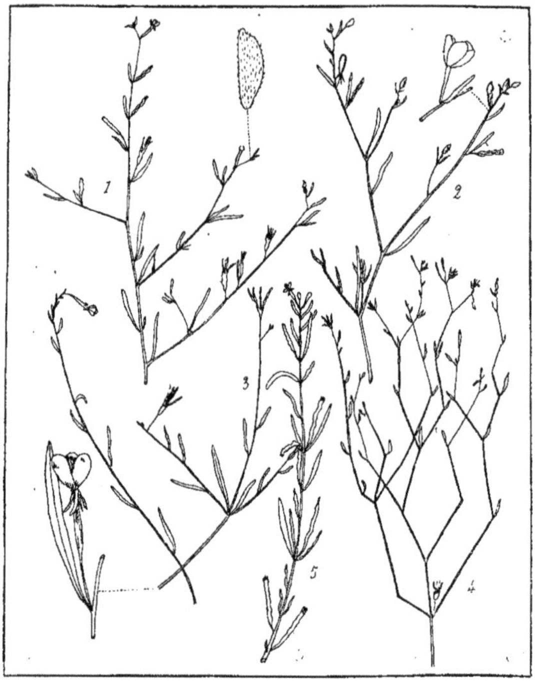

Formes de l'Onothera Gayophytum

1, lasiosperma; 2, eriosperma : 3, diffusa; 4, ramosissima; 5, cæsia.
(Dessins de M. AL. ACLOQUE.)

Phot. Saint-Etienne, Bellotti, Cliché de MM. l'abbé Corbin et Triconnet.

Onothera Gayophytum Lévl.

Race : TRELEASIANA Lévl.

f. *diffusa* Torr. et Gr.

DISTRIBUTION GÉOGRAPHIQUE

L'espèce dans son ensemble est cantonnée dans l'ouest de l'Amérique, depuis l'État de Washington jusqu'à la Terre de Feu exclusivement. Toutefois, il existe une vaste lacune; soit à raison du climat tropical, soit par le manque d'indications, nous ne possédons pas de stations précises de la plante entre les deux tropiques.

Aux États-Unis, elle habite la région comprise entre l'Océan Pacifique et les montagnes Rocheuses et descend jusque dans le nord du Mexique.

Dans l'Amérique du Sud, elle est presque localisée au Chili et la forme naine ou amoindrie et parfois plus trapue qu'y revêt l'espèce nous semble résulter de l'altitude moyenne de la chaîne des Andes.

Des cinq formes nord-américaines, l'*eriosperma* qui n'est qu'une dépendance du *lasiosperma* est la plus localisée. Elle croît dans l'Oregon et le nord de la Californie, alors que le *lasiosperma* occupe l'Oregon, le Washington, la Nevada et la Californie, le *diffusa* habite le Washington, l'Oregon, le Montana, le Wyoming, le centre et le nord de la Californie, l'Idaho et l'Utah septentrional; le *ramosissima*, auquel le *diffusa* nous paraît subordonné, se rencontre dans le Washington, le Montana, l'Idaho, le Wyoming, le Dakota, le Sud du Colorado, l'Utah, l'Oregon, le Nevada, l'Arizona, la Californie et le nord du Mexique.

La forme *caesia* enfin, en ce qui concerne l'Amérique du Nord, croît dans l'Oregon, l'Idaho, le Montana, le Wyoming, le S. Dakota, le Colorado du Sud, la Nevada, et la Californie. Sous la variété *pumila*, elle se rencontre dans le Washington, l'Oregon, la Californie, le nord du Mexique, puis disparaît pour ne reparaître que dans l'hémisphère austral sous des formes naines pour la plupart et densément feuillées.

C'est, on le voit, la forme dont l'extension est la plus grande et que nous considérons comme le stirpe dont les autres formes ne sont que des dérivés ou des races locales. Il est bien évident que les études ultérieures, poursuivies sur le terrain, pourront seules confirmer ou infirmer notre manière de voir.

Contrairement à notre coutume, nous ne donnons pas pour cette espèce, la longue énumération des localités avec l'indication des numéros et du nom des collecteurs, sa longueur la rendrait fastidieuse. Ces énumérations d'ailleurs ne peuvent être qu'incomplètes.

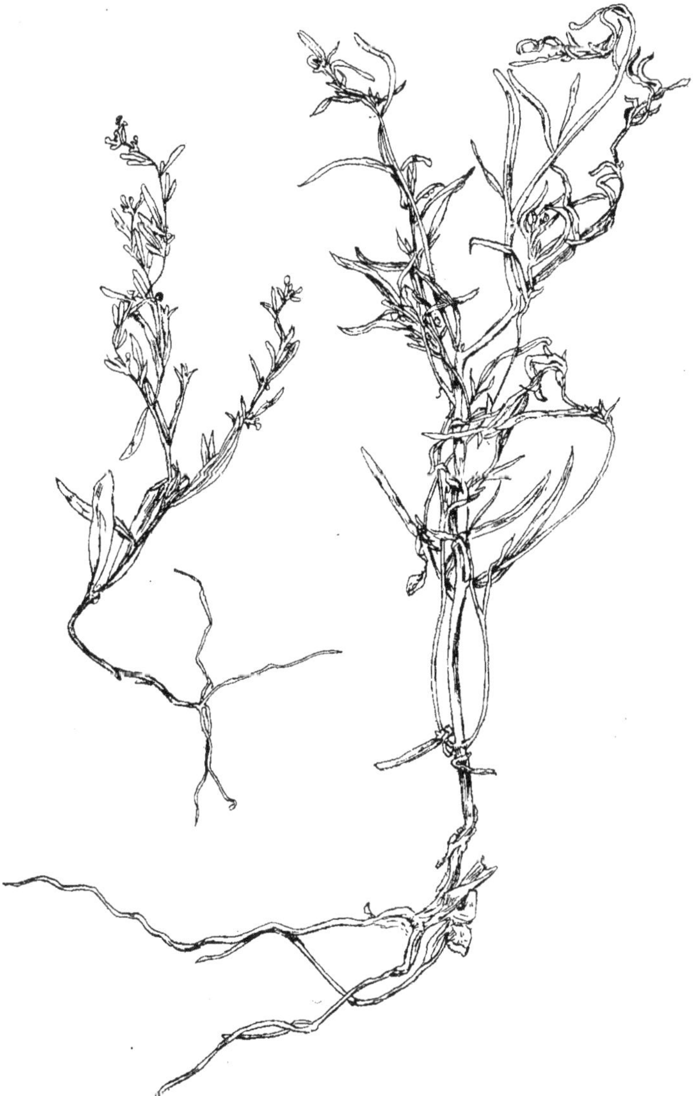

Onothera Gayophytum Lévl.
Race : Treleasiana Lévl.
f. *ramosissima* Torr. et Gr.
Petit échantillon.

Onothera Gayophytum Lévl.
Race : Philippiana Lévl.
f. *robusta* Philippi.

Onothera Gayophytum Lévl.
Race : PHILIPPIANA Lévl.
f. *densifolia* Philippi.

Onothera Gayophytum Lévl.
Race : PHILIPPIANA Lévl.
f. *cæsia* Torr. et Gr.

Phot. Bellotti, Saint-Etienne. Cliché de MM. l'abbé Corbin et Triconnet.

Onothera hyssopifolia Molina.

26. — **ONOTHERA HYSSOPIFOLIA** Molina

Racine pivotante, courte.

Tige médiocre, ligneuse, rameuse, à épiderme cireux, papyracé, exfolié.

Feuilles ovales-lancéolées, courtes, nettement dentées, à nervure centrale saillante.

Fleurs épilobiiformes, relativement larges, ayant la dimension de celles de *l'Epilobium montanum.*

Capsule toruleuse, linéaire, cylindrique, obtuse, glabre, sessile, droite ou le plus souvent arquée ou réfléchie.

Graines anguleuses, triquètres.

DISTRIBUTION GÉOGRAPHIQUE

Chili : environs de Concepcion, 1855 (P. H. Germain). C'est la seule localité de cette espèce que nous connaissions jusqu'à présent.

27. — ONOTHERA TORULOSA Lévl.

Synonymie : *Sphaerostigma ramosissimum* Philippi. — *Sph. acuminatum* Philippi. — *Sphaerostigma paradoxum* C. Gay. — *Œnothera paradoxa,* Spach. — *Œnothera strigulosa* Torr. et Gr. Benth. — *Œ. chilensis* Dietr. — *Œ. dentata* DC. Cav. — *Œ. parvula* Nutt. — *Œ. Chamissonis* Link. — *Œ. siliquosa* Nutt. ex Torr. et Gr. — *Œ. ramosissima* Spach. — *Œ. tenuifolia* Bert. Cav. — *Sphærostigma tenuifolium* C. Gay. — *Holostigma argutum* Spach. — *H. heterophyllum* Spach. — *H. virgatum* Spach. — *Sphaerostigma minutiflorum* Fish. et Mey. — *Sph. flexuosum* Aven Nelson. — *Sph. Chamissonis* Fish et Mey. — *Sph. dentatum* Walp. — *Sph. parvulum* Walp. — *Sph. strigulosum* Fish. et Mey. — *Camissonia flava* Link. — *Œnothera andicola* Kunze. — *Œ. contorta pubens* (Watson) Coville. — *Œ. campestris* Greene. — *Sphærostigma campestre* Small.

DIAGNOSE

Racine simple, fibreuse, parfois rampante.

Tige ordinairement très rameuse, courbée ou couchée, ascendante ou dressée, glabre ou glabrescente, parfois velue, à épiderme s'exfoliant quelquefois.

Feuilles petites, linéaires ou sublinéaires, sessiles, souvent canaliculées, entières ou obscurément denticulées ou nettement dentées, alternes, parfois roulées au bord.

Fleurs jaunes ou jaunâtres, très petites ou assez grandes, à pétales entiers ; blanchissant ou rougissant en herbier, stigmate indivis en forme de coupe.

Capsule linéaire, *toruleuse*, sessile droite ou sinueuse, recourbée, glabrescente, plus ou moins tétragone.

Graines jaunes ou de couleur marron, oblongues ou oblongues-

Phot. Bellotti, Saint-Etienne. Cliché de MM. l'abbé Corbin et Triconnet.

Onothera torulosa Lévl.

piriformes, lisses, ou bien papilleuses, obtuses aux deux extrémités, parfois anguleuses.

Fleurit au bord des routes, des ruisseaux, des rivières, de la mer, et sur le penchant des montagnes, dans les lieux sablonneux, les collines sèches, les friches et les pelouses rocailleuses, d'avril à août pour l'hémisphère boréal et de août à décembre pour l'hémisphère austral.

DISTRIBUTION GÉOGRAPHIQUE

California : San Bernardino Co., 1876, n° 10833 (130). (*C. C. Parry* et *J. G. Lemmon*). — Northern Arizona and Southern Utah, 1877, n° 11088 (166), (*Dr E. Palmer*). — California : San Diego Co., Cuiamaca Mts, juill. 1875, n° 5375 (103), (*Edw. Palmer*). — Idaho : Nampa, juin-juill. 1892. — Washington; Klickitat Co., on dry hills near Bingen, 13 mai, 4 juin 1894, n° 2311 (*W. N. Suksdorf*). — Oregon : Roseburg, Umpqua Valley, 8 avril 1887, n° 1142. (*Thom. Howell*). — North American Pacific Coast, 1887, n° 1881 (*C.C. Parry*). — Southern California, 1876, n° 130 (*C.C. Parry* and *J. G. Lemmon*). — S. E. California : sandy places, Enkin creek, avril-sept. 1897, 4-5000 feet, n° 5365 (*C. A. Purpus*). — Utah : deep Creek, 22 juin 1891 (*Marcus E. Jones*). — Lower Northern California, 14 mai 1886 (*C. R. Orcutt*). — South California, 50 feet, avril 1895, n° 200 (B. S. Angier). — Utah : Nero River (Keesin River), 28 mai 1859. — Ex horto botanico Petropolitano, culta, 1836, sub nom. *Sphaer. minutiflori* Fisch et Mey. (*C. A. Meyer*). — California : San Francisco, ukiats on sand in the Russian River, 6 avril 1865, n° 3857. — South California, 1876, n° 130 (*C. C. Parry* and *J. G. Lemmon*). — California : Siskiyou Co., near Yreka, 26 avril 1876, n° 722 (*Edw. L. Greene*). — Wyoming : point of Rocks, 16 juin 1898, n° 4760 (*Aven Nelson*). — Genoa Carson (?) Valley, 17 juin 1889. — Washington : W. Klickitat Co., 2 juin 1885, n° 85 (*W. N. Suksdorf*). — Oregon : Clear Water (*Rev. M. Spalding*). — South. California : San Bernardino, avril 1882, n° 81 (*S. B.* et *W. F. Parish*). California : Santa

Cruz, 23 juin 1881, n° 2229, (*Marcus E. Jones*). — California : Newhall, sandy soil, 20 mai (*C. G. Pringle*). — Montagnes de la Californie, 1857, n° 77 (*M. Bridges*). — California, 1848, n° 1733 (*Hartweg*). — Chili : prov, Coquimbo, Concumen (*R. A. Philippi*). — Chili : Santiago : in aridis, sept. 1861, 1862 (*Philippi*). — Chili : Quintero, in sabulosis maritimis, pascuis saxosis ; Quillota, in petrosis aridis planitiei fluvii Cachapual, Valparaiso, août-sept. — In herb. Bertero, nov. 1829, 1830, n° 466, n° 1190 (*R. A. Philippi*). Chili : Coquimbo (*Gay*) très commun et très rameux au bord de la mer, sur les collines composées de sable provenant de la décomposition du granit de 2000 à 3100 mètres et sur le penchant des Cordillères, janvier 1837. — Chili : près du fleuve Cachapual, 1828 (*Bertero*). Chili : près de Concan (*Pœppig*). — Chili la Concepcion (*d'Urville*). — Chili : Rancagua (in herb. *Adrien de Jussieu*).

Race : **helianthemiflora** Lévl.

Fleurs *assez grandes* ou grandes (*grandiflora* Wats.) d'un beau jaune ; graines *lisses* au moins ordinairement ; feuilles nettement dentées (*dentata* Cav.), parfois élargies. Les fleurs de cette race rappellent celles de l'Hélianthème.

DISTRIBUTION GÉOGRAPHIQUE

Eastern Oregon, sandy places, 1er juin 1880 (*Howell*) ; California, Arizona, 1876, n° 136 (*E. Palmer*). — S. E. California : Mohave R., 1er juin 1876, n° 10.104 (*E. Palmer*). — California : San Bernardino Co., Crafton, avril 1876, n° 12.040 (*J. G. Lemmon*). — California : Shepherds Canon, 4.600 feet, 30 avril 1897 (*Marcus E. Jones*). — California : San Bernardino Co., Mohave Slopes, 13 mai 1882 (*C. R. Orcutt*). — Near Cabagu, avril 1891. — S. E. California : Argusibo,

Phot. Bellotti, Saint-Etienne. Cliché de MM. l'abbé Corbin et Triconnet.

Onothera torulosa Lévl.
Race : HELIANTHEMIFLORA Lévl.

Onothera torulosa Lévl.
(Syn. *Sphaerostigma ramosissimum* Phil.).

sandy soil, 5-6.000 feet, avril-septembre 1897, n° 5.436 (*C. A. Purpus*). — South California, 1876, n° 1.304 (129) (*C. C. Parry* and *J. G. Lemmon*). — California : Bartow, 1er avril 1888. — California : Mill creek Canon, Panamint Mts., 13-1700 m., 15 mai 1891 (*Fred. V. Coville* and *Fred. Funston*). — California : San Bernardino Mts., and their eastern base 3200-4500 feet, 16 juin 1894 (*S. B. Parish*). — South California : Mojave Desert, mai 1882 (*S. B.* et *W. F. Parish*). — South California : San Bernardino, sandy soil, 5 mai 1888 (*S. B. Parish*). — Chili : ad vias, pr. Concan, août 1845, n° 827 (*Pœppig*).

On distingue dans le type les formes suivantes :

Chilensis Dietr. — Feuilles fasciculées sur les rameaux. Forme ordinaire de l'Amérique du Sud ;

cruciata Watson. — Fleurs moyennes ; feuilles sublinéaires, allongées, *entières* ; pétales en croix. — Californie : Prattville, 1350 m., 5 juillet 1897 (*Marcus E. Jones*) ;

mixta Lévl. — Tiges couchées ; feuilles dentées, sublinéaires, fleurs petites, graines lisses. — Provient vraisemblablement de cultures ;

permixta Lévl. — Feuilles du *mixta* ; fleurs de l'*helianthemiflora*. — Californie : Fresno, 21 mars 1889.

Phot. Bellotti, Saint-Etienne. Cliché de MM. l'abbé Corbin et Triconnet.

Onothera torulosa Lévl.
f. *Chilensis* Dietrr.

28. — ONOTHERA ANDINA Nutt.

Synonymie : *Boisduvalia andina* Phil. — *Sphaerostigma andinum* Walp. — *Onothera Hilgardi* Greene ?

DIAGNOSE

Racine simple, fibreuse.

Tige peu élevée, parfois simple, ordinairement rameuse, glabre ou pubescente.

Feuilles allongées, sublinéaires ou linéaires, lancéolées, glabres ou pubescentes, atténuées en un pétiole évident, assez denses au sommet des rameaux, aiguës ou le plus souvent obtuses.

Onothera Andina Nutt.

Fleurs jaunes ou jaunâtres, très petites ; pétales entiers ; stigmate indivis globuleux capité ; style plus court que les étamines.

Capsule courte, tétragone, sessile ou subsessile, atténuée en faux bec ; pubescente.

Graines jaunes, rousses ou noirâtres, lisses, parfois excoriées, fusiformes ou piriformes, obtuses aux deux bouts.

f. tripetala. — Fleurs à trois pétales.

Fleurit d'avril à juillet dans les lieux bas, pierreux, secs ou humides.

DISTRIBUTION GÉOGRAPHIQUE

N. O. Wyoming, 1873, n° 111 (*C. C. Parry*). — Head waters of the Missouri and Yellowstone Rivers, Jackson's Hole on Snake River, in bottoms 6.000 feet and an Madison River, 5.000 feet, 12, 25 et 27 juin 1860 (*Dr F. V. Hayden*). — California : Sierra Valley, n° 25 (*J. G. Lemmon*). — Pacific coast, Klickitat valley, 26 avril 1889, n° 1.503 (*Thomas Howell*). — Wyoming : Cokeville, 11 juin 1898, n° 4.644 (*Aven Nelson*). — Washington, Whitman Co., in the foothills north of Ellensburg, juin 1897, n° 429 (*A. D. E. Elmer*). — Washington : Spokane Co., low dry grounds, 3 juin 1889, n° 920 (*W. N. Suksdorf*). — Idaho : Shoshme, 20 juin 1892 (*A. Isabel Mulford*). — Oregon, 1882, n° 399 (*Wm. C. Cusick*). — Washington : Klickitat, wet places, juillet 1881 (*Thomas J. Howell*).

L'O. Andina est intermédiaire entre l'*O. Gayophytum* race *Philippiana* et l'*O. torulosa*. Il est assez curieux de constater que cette espèce habite exclusivement la région de l'*O. Gayophytum*.

GROUPE DES TORULOSAE

I. — DESCRIPTION DES TYPES

A. — Sous-groupe des *Jussiœvideœ.*

Se distingue de prime abord par la présence dans le mésophylle de sphérocristaux et de cristaux polyédriques. Ce caractère est d'autant plus important que Parmentier s'en est servi, entre autres, pour distinguer les Ludwigiées (c. Jussiaea) à oursins dans la feuille et la tige, des Onothérées à oursins nuls.

Onothera gracilis

Feuille épaisse de 305 μ.

Mésophylle centrique.

Faisceau ligneux large de 110 μ, épais de 74 μ (R = 1,48).

Poils tous lisses, dressés ou inclinés, longs de 85-490 μ, larges de 25-30 μ, à parois épaissies, de 6-9 μ.

B. — Sous-groupe des *Gayophyteæ*.

Les cellules raphidiennes sont excessivement allongées, en forme de fibres à parcours onduleux, ± parallèles à la nervure médiane. Raphides peu abondantes et peu développées. Beaucoup de ces fibres en sont dépourvues. (Pour bien voir cet aspect, examiner la feuille entière — ou un fragment — en faisant bouillir dans l'acide lactique sur la lame de verre, et en couvrant ensuite avec la lamelle couvre-objet. Se servir d'un grossissement assez faible, par exemple 80 à 100 diamètres).

Onothera densifolia

Feuille épaisse de 450 μ.
Mésophille centrique.
Faisceau ligneux large de 100 μ, épais de 47 μ (R = 2,12).
Poils nuls.
Cuticule non épaissie.
Un faisceau vasculaire sub-marginal, de chaque côté de la feuille.

Onothera humilis

Feuille épaisse de 325 μ.
Mésophylle centrique.
Faisceau ligneux large de 234 μ, épais de 42 μ (R = 5,57).
Poils nuls.
Cuticule épaissie.
Epiderme très onduleux, formant une large marge transparente à la feuille lorsque celle-ci traitée entière à l'acide lactique bouillant est comprimée par le couvre objet.

Onothera robusta

Feuille épaisse de 450 μ.
Mésophylle centrique.

Faisceau ligneux large de 207 μ, épais de 68 μ (R = 3,04).
Poils nuls.
Cuticule épaissie.
Epiderme très onduleux, formant une large marge transparente à la feuille lorsque celle-ci traitée entière à l'acide lactique bouillant est comprimée par le couvre-objet.

Onothera ramosissima

Feuille épaisse de 300 μ.
Mésophylle centrique.
Faisceau ligneux large de 131 μ, épais de 63 μ (R = 2,08).
Poils les uns lisses à paroi non épaissie, utriformes, dressés, inclinés ou couchés, longs de 30-65 μ, larges de 13-20 μ ; les autres verruqueux, à paroi épaisse de 2-3 μ, et de 2 sortes ; certains dressés, longs de 70-190 μ, larges de 12-15 μ ; d'autres arqués-couchés, longs de 150-160 μ, larges de 15-20 μ.

Onothera racemosa

Feuille épaisse de 490 μ.
Mésophylle centrique.
Faisceau ligneux large de 84 μ, épais de 47 μ (R = 1,78).
Poils tous verruqueux, à paroi épaisse de 1,5-2 μ, et de 2 sortes : les uns dressés-inclinés, longs de 120-125 μ et larges de 12-13 μ ; les autres arqués-couchés, longs de 90-150 μ, et larges de 12-15 μ.

Onothera diffusa

Feuille épaisse de 260 μ.
Mésophylle centrique.
Faisceau ligneux large de 189 μ, épais de 68 μ (R = 2,77).

Poils tous verruqueux, dressés ou inclinés, longs de 100-110 μ, larges de 12-15 μ, à paroi épaisse de 2-3 μ.

C. — Sous-groupe des *Eutorulosæ*.

Cellules raphidiennes normales. Raphides abondantes et bien développées.

Onothera hyssopifolia

Feuille épaisse de 530 μ.
Mésophylle centrique.
Faisceau ligneux large de 173 μ, épais de 36 μ (R = 4,80).
Poils tous lisses, claviformes, dressés ou inclinés, à paroi non épaissie, longs de 180-255 μ, larges de 13-16 μ.

Onothera torulosa

Feuille épaisse de 330 μ.
Mésophylle centrique.
Faisceau ligneux large de 110 μ, épais de 37 μ (R = 3).
Poils de deux natures : les uns lisses, claviformes, à parois non épaisses, longs de 110 μ, larges de 10 μ ; les autres finement verruqueux, aigus ou subaigus, longs de 125-285 μ, larges de 11-22 μ, à paroi épaisse de 1,5-3 μ.

Onothera helianthemiflora

Feuille épaisse de 365 μ.
Mésophylle centrique.
Faisceau ligneux large de 109 μ, épais de 36 μ (R = 3).
Poils de deux natures : les uns lisses, claviformes, à parois non épaissies, longs de 150-215 μ, larges de 10-13 μ ; les autres fine-

ment verruqueux, aigus ou subaigus, et de deux sortes : certains dressés ou inclinés, longs de 115-175 μ, larges de 15-20 μ, à paroi épaisse de 2-8 μ ; d'autres appliqués, longs d'environ 140 μ, larges de 15-20 μ, à paroi épaisse de 5-8 μ.

L'épiderme onduleux forme une large marge transparente à la feuille lorsque celle-ci, traitée entière par l'acide lactique bouillant, est comprimée par le couvre-objet.

Onothera andina

Feuille épaisse de 285 μ.

Mésophylle centrique.

Faisceau ligneux large de 200 μ, épais de 50 μ (R = 4).

Poils de deux natures : les uns lisses, utriformes, à paroi non épaissie, longs de 50-70 μ, larges de 20-24 μ ; les autres verruqueux, à paroi épaisse de 2-3 μ et de deux sortes ; certains dressés, longs de 120-215 μ, larges de 12-20 μ ; d'autres arqués-couchés, longs de 33-130 μ, larges de 12-18 μ.

Sphærostigma ramosissimum (O. torulosa p. p.).

Feuille épaisse de 415 μ.

Mésophylle centrique.

Faisceau ligneux large de 105 μ, épais de 57 μ (R = 1,84).

Poils tous très finement verruqueux, à paroi épaisse de 2-3 μ, et de deux sortes : les uns dressés ou inclinés, longs de 55-205 μ, larges 14-15 μ ; les autres arqués ou arqués-appliqués, longs de 80-200 μ, et larges de 13-17 μ.

II. — DESCRIPTION RÉSUMÉE DES SECTIONS

Jussiæoideæ

FEUILLE épaisse de 305 μ.
MÉSOPHYLLE centrique.
FAISCEAU LIGNEUX large de 110 μ, épais de 74 μ (R = 1,48).
POILS tous lisses, dressés ou inclinés, longs de 85-490 μ, larges de 25-30 μ, à parois épaissies, de 6-9 μ.
Des sphérocristaux et des cristaux polyédriques dans le mésophylle.

Gayophyteæ glabræ

FEUILLE épaisse de 325-450 μ.
MÉSOPHYLLE centrique.
FAISCEAU LIGNEUX large de 100-234 μ, épais de 42-68 μ (R = 2,12 à 5,57).
POILS nuls.
Cellules raphidiennes en forme de fibres onduleuses, ± parallèles à la nervure médiane.

Gayophyteæ heterotrichæ

FEUILLE épaisse de 300 μ.
MÉSOPHYLLE centrique.
FAISCEAU LIGNEUX large de 131 μ, épais de 63 μ (R = 2,08).
POILS les uns lisses, à paroi non épaissie, utriformes, dressés, inclinés ou couchés, longs de 30-65 μ, larges de 13-20 μ ; les autres verruqueux, à paroi épaisse de 2-3 μ, et de deux sortes : certains dressés, longs de 70-190 μ, larges de 12-15 μ ; d'autres arqués-couchés, longs de 150-160 μ, larges de 15-20 μ.

Cellules raphidiennes en forme de fibres onduleuses, plus ou moins parallèles à la nervure médiane.

Gayophyteæ rhytidotrichæ

FEUILLE épaisse de 260-490 μ.
MÉSOPHYLLE centrique.
FAISCEAU LIGNEUX large de 84-189 μ, épais de 47-68 μ (R = 1,78 à 2,77).
POILS tous verruqueux, tantôt tous dressés ou inclinés (O. diffusa) tantôt les uns dressés inclinés, les autres arqués couchés (O. racemosa), longs de 90-150 μ, larges de 12-15 μ, à paroi épaisse de 1,5-3 μ.
Cellules raphidiennes en forme de fibres onduleuses, plus ou moins parallèles à la nervure médiane.

Eutorulosæ liotrichæ

FEUILLE épaisse de 530 μ.
MÉSOPHYLLE centrique.
FAISCEAU LIGNEUX large de 173 μ, épais de 36 μ (R = 4,80).
POILS tous lisses, claviformes, dressés ou inclinés, à paroi non épaissie, longs de 180-255 μ, larges de 13-16 μ.

Eutorulosæ heterotrichæ

FEUILLE épaisse de 285-365 μ.
MÉSOPHYLLE centrique.
FAISCEAU LIGNEUX large de 109-200 μ, épais de 36-50 μ (R = 3 à 4).
POILS les uns lisses, claviformes ou utriformes, à paroi non épaissie, longs de 50-215 μ, larges de 10-24 μ; les autres verruqueux, dressés, inclinés, ou appliqués, longs de 33-285 μ, larges de 11-22 μ, à paroi épaisse de 1,5-8 μ.

Eutorulosæ rhytidotrichæ (Sphærostigma)

FEUILLE épaisse de 415 μ.
MÉSOPHYLLE centrique.
FAISCEAU LIGNEUX large de 105 μ, épais de 57 μ (R = 1,84).
POILS tous très finement verruqueux, à paroi épaisse de 2-3 μ, et de deux sortes : les uns dressés ou inclinés, longs de 55-205 μ, larges de 14-15 μ ; les autres arqués ou arqués appliqués, longs de 80-200 μ, et larges de 13-17 μ.

III. — CONSPECTUS DES ESPÈCES

I. Des sphérocristaux et des cristaux polyédriques dans le mésophylle.
Rien que des poils lisses plus ou moins aigus, à parois très épaisses (6-9 μ) = *Onothera gracilis* Lévl.
II. Pas de sphérocristaux.
A. Cellules raphidiennes excessivement allongées en forme de fibres à parcours onduleux, plus ou moins parallèles à la nervure médiane. Raphides peu abondantes et peu développées ; beaucoup de fibres en sont dépourvues (Gayophytum).
α Plantes glabres.
⊙ Un faisceau vasculaire sub-marginal, de chaque côté de la feuille. Faisceau ligneux médian large de 100 μ (R = 2,12). Cuticule non épaissie = *Onothera densifolia.*

⊙ Pas de faisceau marginal. Faisceau ligneux médian large de plus de 200 μ (R > 3). Cuticule épaissie. Epiderme très onduleux, formant une large marge transparente à la feuille lorsque celle-ci, traitée entière à l'acide lactique bouillant, est comprimée par le couvre-objet.

Δ. Feuille épaisse de 325 μ. Faisceau ligneux large de 234 μ, épais de 42 μ (R = 5,57) = *Onothera humilis* non Donn.

Δ. Feuille épaisse de 450 μ. Faisceau ligneux large de 207 μ, épais de 68 μ (R = 3,04) = *Onothera robusta.*

β. Poils lisses, utriformes et poils verruqueux de deux sortes, les uns dressés ou inclinés, les autres arqués couchés = *Onothera ramosissima.*

γ. Poils verruqueux seuls.

⊙ Feuille épaisse de 490 μ. Faisceau ligneux large de 84 μ, épais de 47 μ (R = 1,78). Poils les uns dressés inclinés, les autres arqués-couchés = *Onothera racemosa.*

⊙ Feuille épaisse de 260 μ. Faisceau ligneux large de 189 μ, épais de 68 μ (R = 2,77). Poils tous dressés ou inclinés = *Onothera diffusa.*

B. Cellules raphidiennes normales. Raphides abondantes et bien développées (Onothera et Sphærostigma).

α. Poils lisses seuls, claviformes. Feuille épaisse de 530 μ.

Faisceau ligneux à R = 4,80 = *Onothera hyssopifolia*

β, Poils lisses et poils verruqueux. Feuille épaisse de 285-365 μ. Faisceau ligneux à R = 3 à 4.

⊙ Poils lisses claviformes. Feuille épaisse de 330-365 μ.

Faisceau ligneux large de 109-110 μ, épais de 36-37 μ (R = 3).

Δ. Poils lisses longs de 110 μ. Poils verruqueux d'une seule sorte, dressés, à paroi épaisse de 1,5-3 μ = *Onothera torulosa.*

Δ. Poils lisses longs de 150-215 μ. Poils verruqueux de deux sortes, les uns dressés ou inclinés, les autres appliqués, à paroi épaisse de 2-8 μ. L'épiderme onduleux fait marge après ébullition dans l'acide lactique = *Onothera helianthemiflora.*

⊙ Poils lisses utriformes, longs de 50-70 μ. Feuille épaisse de 285 μ. Faisceau ligneux large de 200 μ, épais de 50 μ (R = 4). Poils verruqueux de deux sortes, les uns dressés, les autres arqués-couchés, à paroi épaisse de 2-3 μ = *Onothera andina.*

γ. Poils tous très finement verruqueux, de deux sortes, les uns dressés ou inclinés, les autres arqués ou arqués-inclinés. Feuille épaisse de 415 μ. Faisceau ligneux à R = 1,84 = *Sphærostigma ramosissimum* (*Onothera torulosa* Lévl. p. p.)

IV. — GROUPEMENT EN SECTIONS

A. Jussiæoideæ : *Onothera gracilis*.

B. Gayophyteæ :

- 1re SECTION (glabræ) : *Onothera densifolia*, *humilis*, *robusta*.
- 2e SECTION (heterotrichæ) : *Onothera ramosissima*.
- 3e SECTION (rhytidotrichæ) :
  - 1re SOUS-SECTION : *Onothera racemosa*.
  - 2e SOUS-SECTION : *Onothera diffusa*.

C. Eutorulosæ :

- 1re SECTION (liotrichæ) : *Onothera hyssopifolia*.
- 2e SECTION (heterotrichæ) :
  - 1re SOUS-SECTION : *Onothera torulosa*.
  - 2e SOUS-SECTION : *Onothera helianthemiflora*.
  - 3e SOUS-SECTION : *Onothera andina*.
- 3e SECTION (rhytidotrichæ) : *Sphærostigma ramosissimum* (O. torulosa p. p.).

V. — CLASSIFICATION

SPEC. 1 : *Onothera gracilis* Lévl. non Schr.
2 : — *densifolia* Lévl.
3 : — *robusta* Lévl.
β *humilis*.
4 : — *ramosissima* Nutt.
5 : — *racemosa* Nutt.
6 : — *diffusa* Nutt.
7 : — *hyssopifolia* Molina
8 : — *torulosa* Lévl.
9 : — *helianthemiflora* Lévl.
10 : — *andina* Nutt.
11 : — *Sphærostigma ramosissimum* (O. torulosa p. p.).

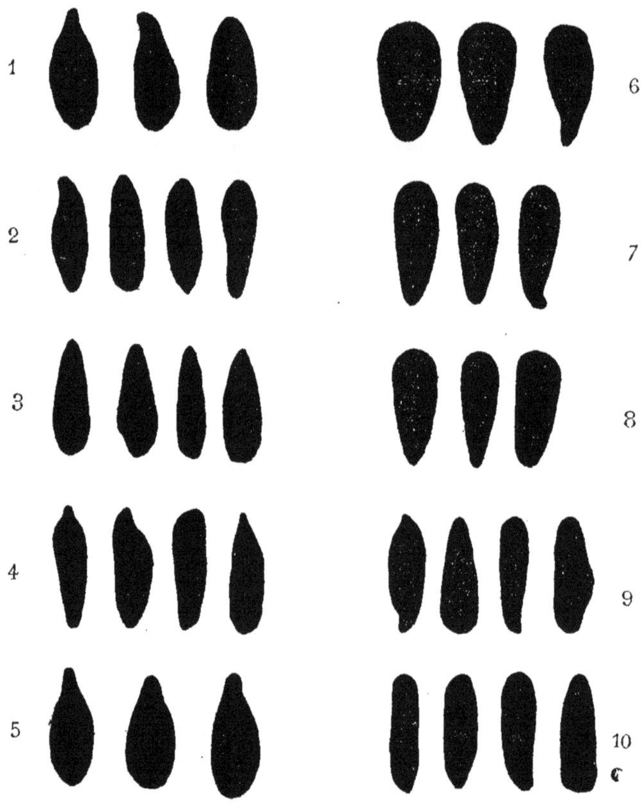

GRAINE : O. Gayophytum : 1, f. *densifolia* ; 2, f. *humilis* ; 3, f. *ramosissima* ; 4, f. *racemosa* ; 5, f. *diffusa* ; 6, O. hyssopifolia ; 7, O. torulosa ; 8, O. torulosa var. *helianthemiflora* ; 9, O. andina ; 10, O. torulosa p. p.

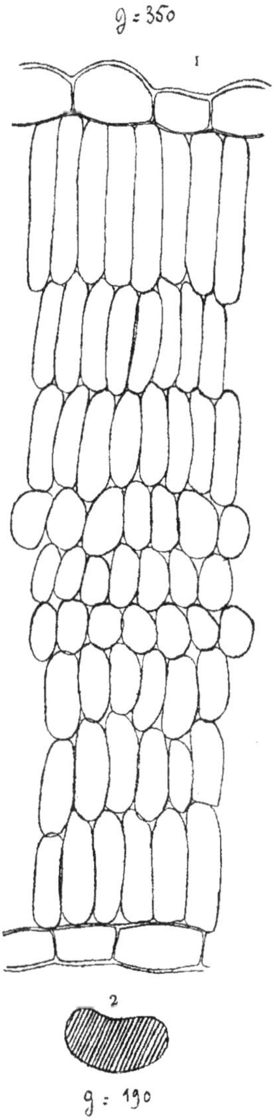

DESSINS ANATOMIQUES D'O. DENSIFOLIA

1, Coupe transversale de la feuille (grossissement : g = 350). — 2, Coupe transversale du faisceau ligneux (g = 190)

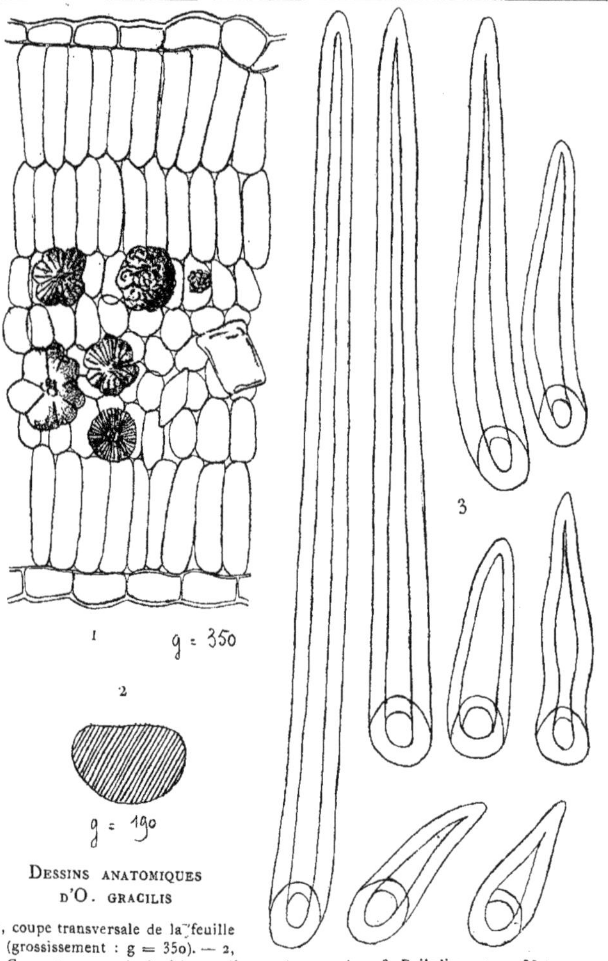

Dessins anatomiques d'O. gracilis

1, coupe transversale de la feuille (grossissement : g = 350). — 2, Coupe transversale du faisceau ligneux (g = 190). — 3, Poils lisses (g = 350).

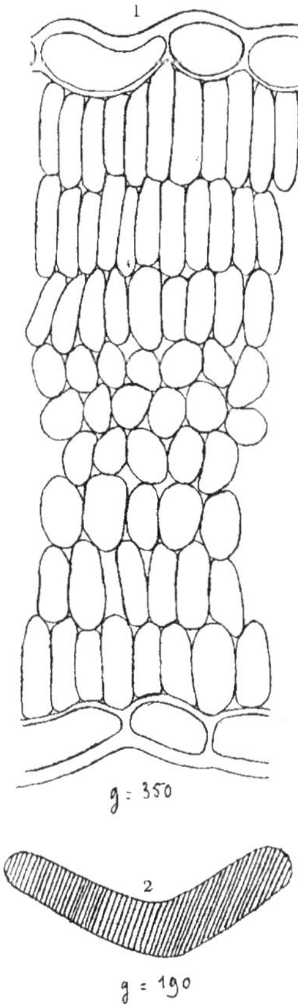

Dessins anatomiques d'O. humilis

1, Coupe transversale de la feuille (grossissement : g = 350). — 2, Coupe transversale du faisceau ligneux (g = 190).

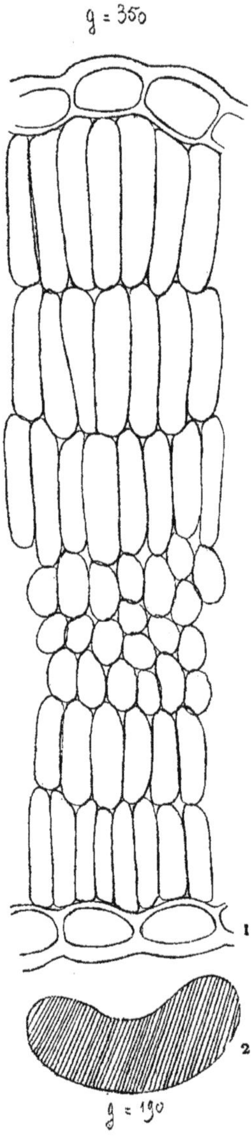

1

2

DESSINS ANATOMIQUES D'O. ROBUSTA

1, Coupe transversale de la feuille (grossissement : g = 350). — 2, Coupe transversale du faisceau ligneux (g = 190).

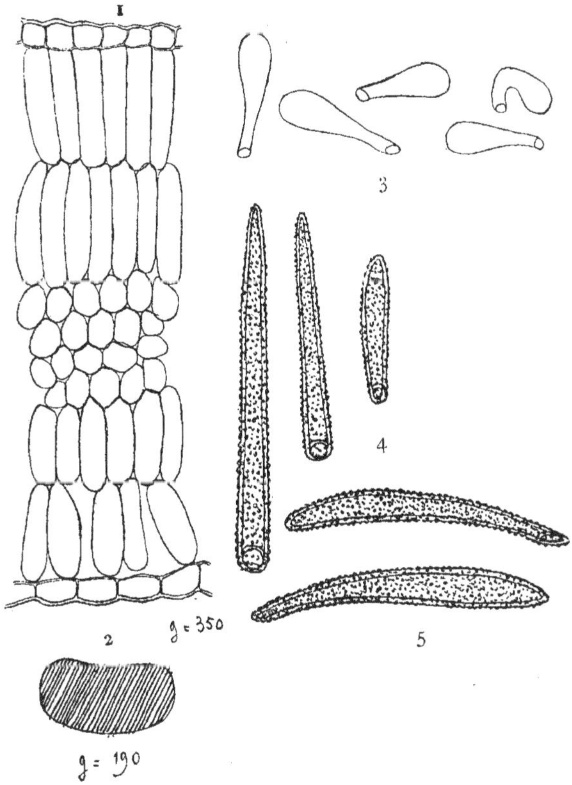

DESSINS ANATOMIQUES D'O. RAMOSISSIMA.

1, Coupe transversale de la feuille (grossissement : g = 350). — 2, Coupe transversale du faisceau ligneux (g = 190). — 3, Poils lisses (g = 350). — 4, Poils verruqueux dressés (g = 350). — 5, Poils verruqueux arqués-appliqués (g = 350).

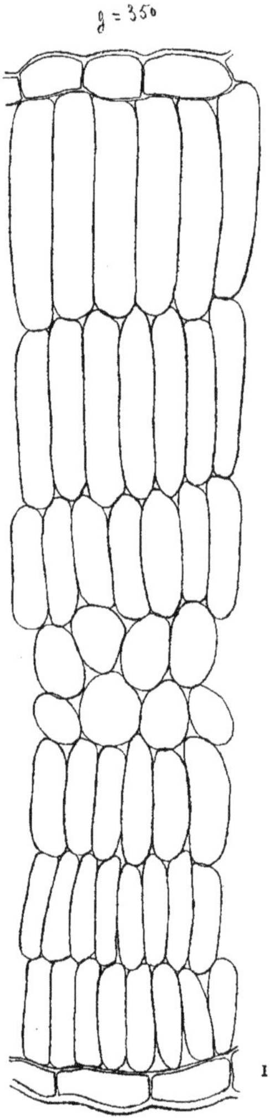

1

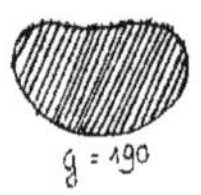

2

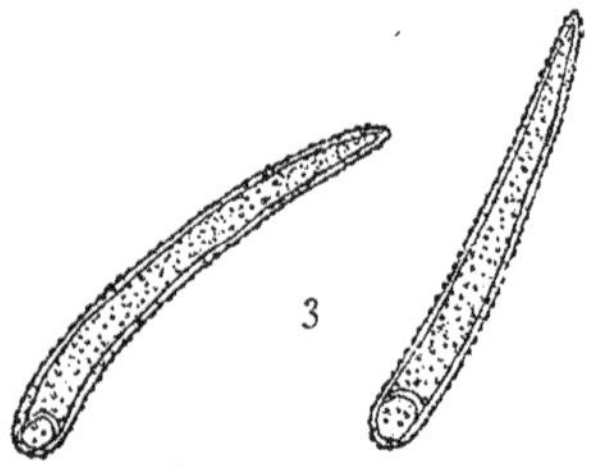

3

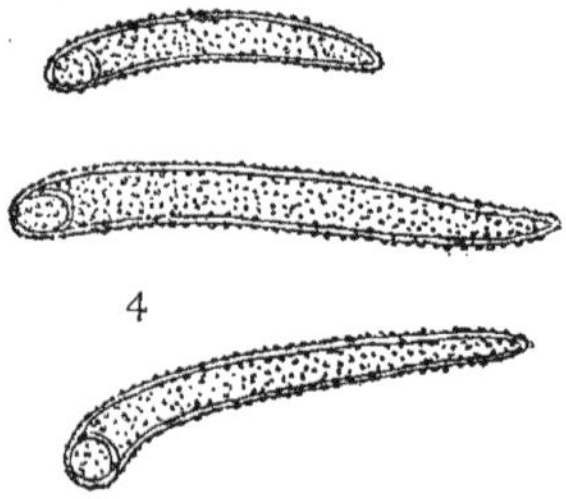

4

DESSINS ANATOMIQUES D'O. RACEMOSA.

1, Coupe transversale de la feuille (grossissement : g = 350). — 2, Coupe transversale du faisceau ligneux (g = 190). — 3, Poils verruqueux dressés-inclinés (g = 350). — 4, Poils verruqueux arqués-appliqués (g =350).

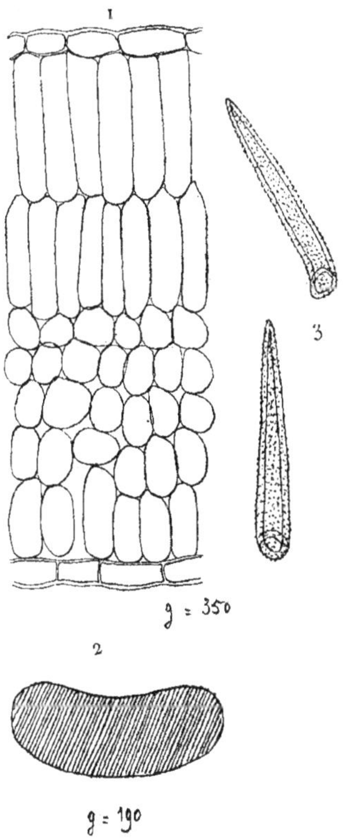

DESSINS ANATOMIQUES D'O. DIFFUSA

1, Coupe transversale de la feuille (grossissement : g = 350). — 2, Coupe transversale du faisceau ligneux (g = 190). — 3, Poils verruqueux (g = 350).

1

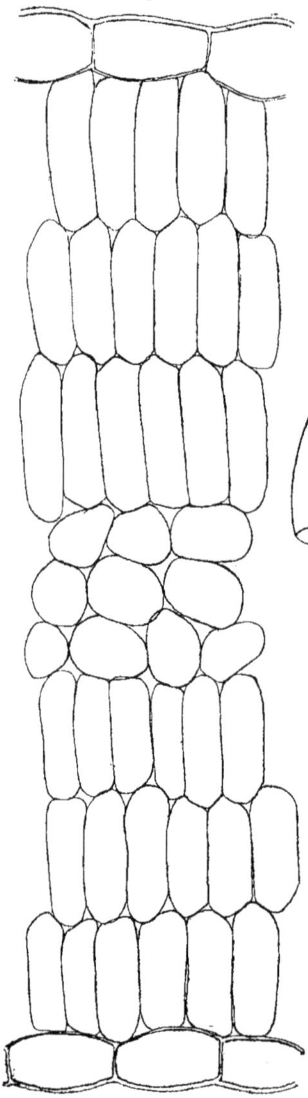

2

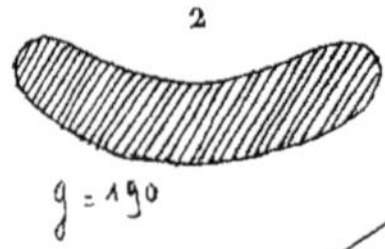

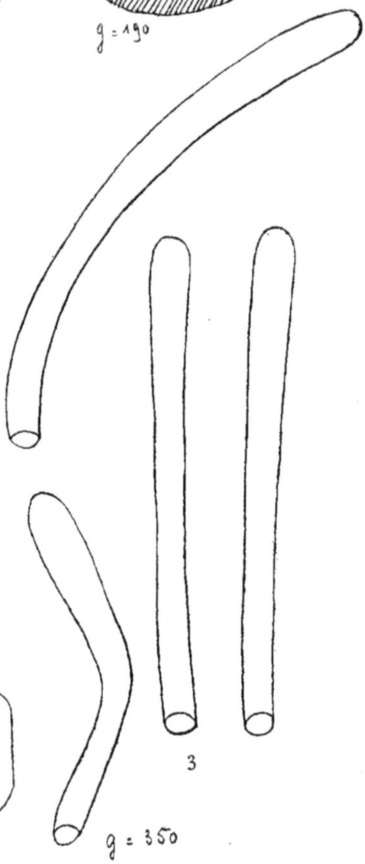

3

DESSINS ANATOMIQUES D'O. HYSSOPIFOLIA

1, Coupe transversale de la feuille (grossissement : g = 350). — 2, Coupe transversale du faisceau ligneux (g = 190). — 3. Poils lisses (g = 350).

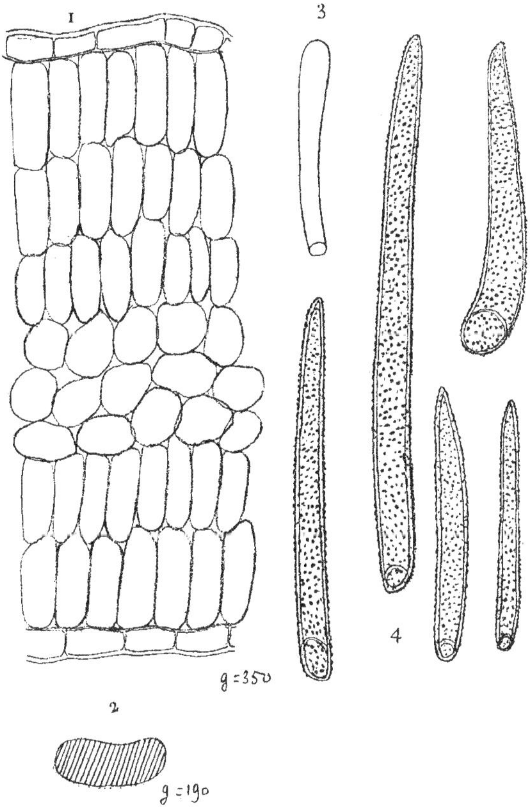

DESSINS ANATOMIQUES D'O. TORULOSA

1, Coupe transversale de la feuille (grossissement : g = 350). — 2, Coupe transversale du faisceau ligneux (g = 190). — 3, Poil lisse (g = 350). — 4, Poils verruqueux (g = 350).

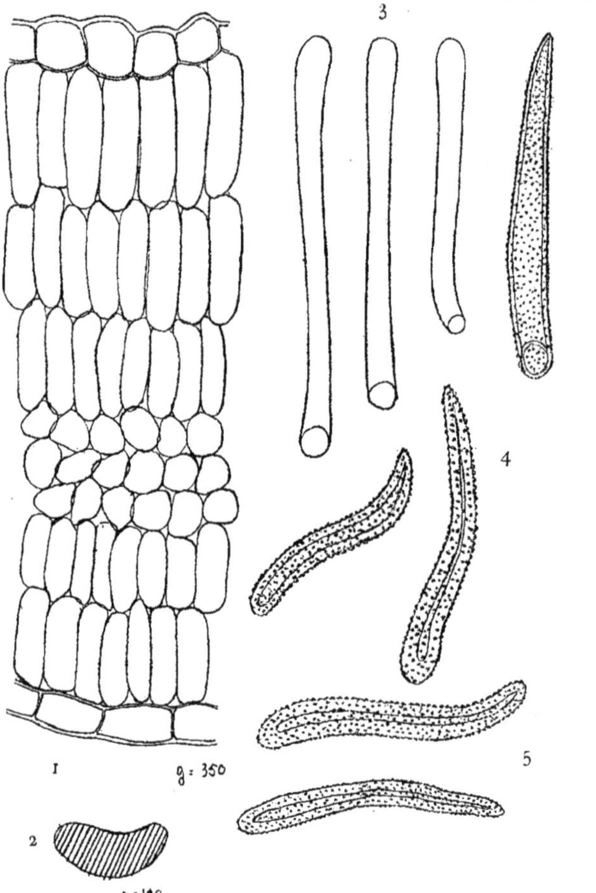

DESSINS ANATOMIQUES D'O. HELIANTHEMIFLORA

1, Coupe transversale de la feuille (grossissement : g = 350). — 2, Coupe transversale du faisceau ligneux (g = 190). — 3, Poils lisses (g = 350). — 4, Poils verruqueux dressés ou inclinés (g = 350). — 5, Poils verruqueux arqués-appliqués (g = 350).

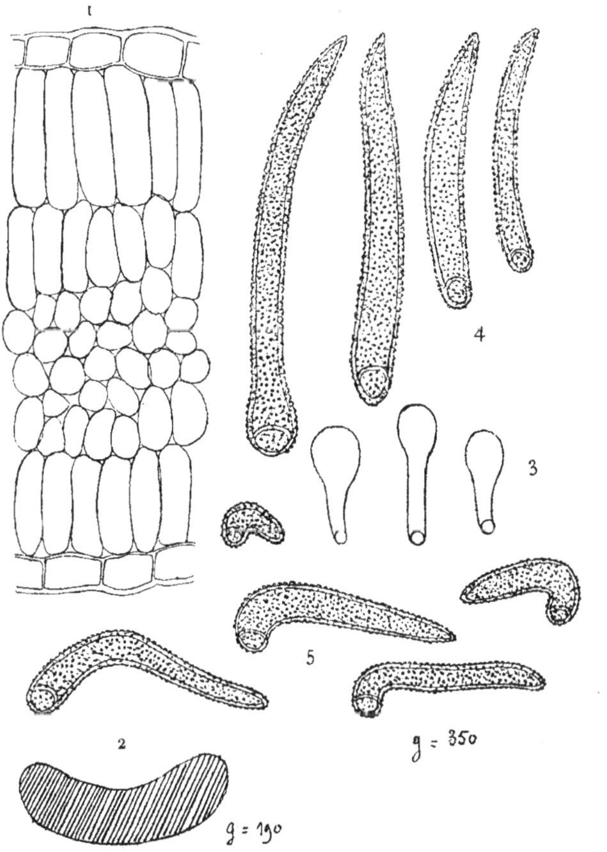

DESSINS ANATOMIQUES D'O. ANDINA

1, Coupe transversale de la feuille (grossissement : g = 350). — 2, Coupe transversale du faisceau ligneux (g = 190). — 3, Poils lisses (g = 350). — 4, Poils verruqueux dressés (g = 350). — 5, Poils verruqueux arqués-appliqués (g = 350).

I

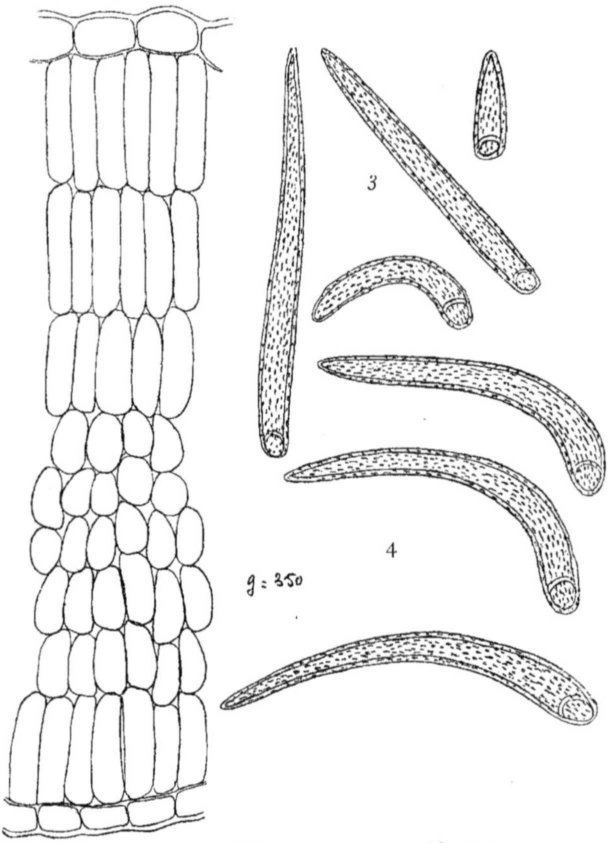

2

DESSINS ANATOMIQUES D'O. TORULOSA p. p.
(Sphaerostigma ramosissimum).

Coupe transversale de la feuille (grossissement : g = 350). — 2, Coupe transversale du faisceau ligneux (g = 190). — 3, Poils verruqueux dressés ou inclinés (g = 350). — 4, Poils verruqueux arqués-appliqués (g = 350).

CLEF

DES

ESPÈCES DU GROUPE DES PRISMATIFORMES

Tortiles

1.	Feuilles roncinées..................	2
	Feuilles non roncinées................	3
2.	Feuilles linéaires.....................	O. ANGELORUM.
	Feuilles radicales larges	O. EULOBUS.
3.	Feuilles linéaires; capsules très linéaires; graines carénées sur le sec..........	O. REFRACTA.
	Feuilles plus ou moins élargies	4
4.	Inflorescence terminale en épi; fleurs assez grandes	O. GAURAEFLORA.
	Inflorescence axillaire................	5
5.	Feuilles étroites, petites, rappelant celles du *Genista tinctoria*	O. CRASSIFOLIA.
	Feuilles assez grandes, élargies........	6
6.	Capsules très longuement linéaires, plante à aspect d'Epilobe...........	O. CHAMŒNERIOIDES.
	Capsules lancéolées plutôt courtes.....	7
7.	Feuilles ovales-arrondies, au moins les inférieures.........................	O. SPIRALIS.
	Feuilles lancéolées..................	8
8.	Fleurs grandes, jaunes ou verdâtres en herbier	O. CHEIRANTHIFOLIA.
	Fleurs très petites, souvent rosées en herbier..........................	O. HIRTA.

II. — Tortiles

29. — **ONOTHERA CRASSIFOLIA** Greene.

SYNONYMIE : *O. genistifolia* Lévl. mss. — *O. leptocarpa* Greene.

DIAGNOSE

Racine fibreuse, simple ou rameuse.

Tige dressée ou couchée-redressée, rosée, simple ou rameuse, glabrescente ou pubescente.

Feuilles assez épaisses, rappelant celles de *Genista tinctoria*, assez petites, glabres ou pubescentes, sessiles ou atténuées en pétiole, obovales ou lancéolées ou lancéolées-linéaires, subobtuses, comme calleuses au sommet; nervures peu visibles.

Fleurs médiocres, rosées ou rougeâtres sur le sec, ovoïdes dans le bouton; calice à tube aussi long que la fleur, simulant un pédicelle; corolle à pétales entiers ou subentiers, veinés; étamines contournées probablement par la dessiccation, à filets légèrement velus, stigmate indivis, capité, globuleux.

Capsule quadrangulaire, sessile, glabre, linéaire, souvent striée de vert et de blanc, de couleur chocolat, ordinairement contournée en spirale, serpentiforme, très longue.

Graine : d'un jaune brun, oblongue, lisse, acuminée à une extrémité, creusée en nacelle comme celle des *Epilobium* par la dessiccation.

Fleurit d'avril à juin.

DISTRIBUTION GÉOGRAPHIQUE

North-Lower California : Socouo, 7 mai 1886 ; n° 1336 (*C. R. Orcutt*).

Var. LEPTOCARPA Greene. — Calice 2-3 fois plus long que la corolle ; capsule pédicellée, verdâtre, le plus souvent droite.

D. G. — Southern California : vicinity of Riverside, in the Sonoran Zone, alt. 1300 feet, avr. 1903, n° 3808 (*H. M. Hall*).

30. — **ONOTHERA REFRACTA** Watson.

Racine simple, pivotante.

Tige simple ou rameuse, dressée ou redressée, glabre ou pubescente, à épiderme exfolié.

Onothera refracta Wats.

Feuilles linéaires ou lancéolées-linéaires, sessiles ou subsessiles, les inférieures pétiolées; entières ou subentières, glabres ou rarement pubescentes.

Fleurs assez petites, jaunes à calice réfléchi, à pétales entiers; stigmate indivis capité, mamelonné et longuement exsert.

Capsule longue, siliquiforme, *très linéaire*, sessile, *refractée,* mais non *tordue*, ni amincie en pointe.

Graine jaune ou roussâtre, fusiforme, lisse, translucide, devenant par la dessiccation carénée comme celle du *Valerianella carinata*.

L'échantillon représenté ici est maigre et peu développé.

Fleurit d'avril à juin dans les graviers.

DISTRIBUTION GÉOGRAPHIQUE

California : San Diego Co., Mesquite station, San Bernardino, avril 1881 n° 13986 (780) (*S. B.* and *W. F. Parish*) — Nevada : Bunkerville, 1500 feet, in gravel, 6 avril 1894, n° 5027 (*Marcus E. Jones*) — California : the Needles, 5 mai 1884, n° 3828 (*Marcus E. Jones*).

31. — **ONOTHERA HIRTA** Link.

SYNONYMIE : *Œnothera micrantha* Horn., Walp. — *Œ. Bistorta* Nutt. p. p. — *Œ. fissifolia*. Steud. — *Œ. asperifolia* Nutt. — *O. hirtella* Greene. — *Onothera Jonesi* Lévl. — *O. Autrani* Lévl. — *O. arabifolia* Lévl. — *Sphaerostigma hirtum* Fish. et Mey. — *S. micranthum* Walp. — *S. minor* Aven Nelson.

DIAGNOSE

Racine fibreuse, ordinairement simple.

Tige dressée ou redressée ou couchée ascendante, glabrescente ou velue, simple ou rameuse, à épiderme scarieux, parfois exfolié.

Capsule d'O.hirta

Feuilles triangulaires ou lancéolées, atténuées à la base, subsessiles ou les caulinaires parfois arrondies-contractées à la base et sessiles, rarement largement ovales-amplexicaules; parfois subaiguës, glabrescentes, ou velues ou hérissées, à dents espacées, souvent très peu apparentes.

Fleurs petites ou assez petites, jaunes, souvent roses sur le sec; pétales obcordés; stigmate indivis capité dépassant les étamines.

Capsule linéaire sessile, tetragone, convolutée-contournée sur elle-même, rarement droite, glabre ou pubescente.

Graine roussâtre, terreuse ou noirâtre, chagrinée-ponctuée, piriforme, conique en pointe au sommet.

Fleurit d'avril à juillet dans les lieux secs et montueux.

Onothera hirta Link.

Cliché de MM. abbé Corbin et Triconnet.

Cnothera Autrani Lévl. *sp. nov.* **Onothera crassifolia** Greene. **Onothera Jonesi** Lévl. *sp. nov.*

DISTRIBUTION GÉOGRAPHIQUE

South California : Sierra Valley, Crafton, n° 12039 (*J. G. Lemmon*). — Wyoming : Green river, 31 mai 1897, n° 3047 (*Aven Nelson*). *N° douteux*. — California, juin 1889. (*C. C. Parry*). — California : Los Angeles, 28 avril 1891, n° 25 (*Fritchey*). — North Lower California : Jijuana, 7 avril 1885 (*C. R. Orcutt*). — San Francisco, 1881 (*C. C. Parry*). — California : Avalon Santa Catalina island, frequent on dry hill sides, avril 1897 (*Blanche Trask*). — Lower California : Palm Valley, 3 juin 1883 (*C. R. Orcutt*). — California : San Diego, 1882 (*C. C. Parry*). — California : Clark Cr. near San Luis Obispo, 2 juill. 1876, n° 10106 (140) (*E. Palmer*). — California : San Bernardino Co., 1876, n° 10832 (127) (*C. C. Parry* and *J. G. Lemmon*). — S. E. California : sandy slopes Erskin Creek, 4-5000 feet, avril-sept. 1897 (*C. A. Purpus*). — California : San Bernardino Co., San Bernardino Mountains and their eastern base. Jalmodge Mill., 27 juin 1894, n° 3390 (*S. B. Parish*). — South-California : vicinity of Riverside, in the Sonoran Zone, 1300 feet, avril 1903, n° 3806 (*H. M. Hall.*).

Var. Jonesi Lévl. — Plante très hérissée de longs poils blanchâtres, à fleurs rougeâtres sur le sec ; à feuilles semi-embrassantes.

D. G. — California : Amador Co., 5000 feet, juill. 1892, n° 543 (*Geo. Hansen*). — California : Santa Catalina island, Avalon, mai 1896 (*Blanche Trask*). — California : San Luis Obispo Co. Paso Robles, 23 avril 1899 (*J. H. Barber*).

Cette variété est représentée comme espèce sur la planche précédente. Nous l'avions créée lors de la revision des *Onothera* de l'herbier Boissier. Sur cette même planche est aussi figuré l'*O. Autrani* qui n'est qu'une forme à feuilles plus élargies de l'*O. hirta*.

L'*O. hirtella* Greene est la forme glabrescente à fleurs jaunes, petites et à feuilles subpétiolées ou pétiolées ciliées.

32. — **ONOTHERA CHEIRANTHIFOLIA** (Horn.) Lévl.

Synonymie : *O. Bistorta* Nutt. pro maxima parte. — *Œ. Bottæ* Steud. — *Œ. cheiranthifolia* Gray p. p. — *Œ. distorta* Veitche ex Vilm. — *Œ. graciliflora* Torr. — *Œ. contorta* Dougl. Boland. — *Œ. Veitchiana* Hook. — *O. arabifolia* Lévl. p. p. — *Sphaerostigma bistorta* Walp. — *Sph. contortum* Walp.

Onothera cheiranthifolia
Horn.
f. delicatula

DIAGNOSE

Racine fibreuse, simple ou rameuse.

Tige simple ou rameuse, glabre ou velue couchée-étalée et alors parfois presque nulle, ou redressée ascendante ou rarement dressée, à épiderme exfolié.

Feuilles lancéolées, plus ou moins nettement dentées, glabres ou plus ordinairement velues ; les inférieures nettement et parfois longuement pétiolées ; les caulinaires ordinairement sessiles ou subsessiles.

Fleurs jaunes, petites ou assez grandes ou grandes, parfois tachées de points bruns à leur base ; verdissant quelquefois par la dessiccation, à pétales entiers ou légèrement sinués ; stigmate indivis, capité-aplati, ou capité-globuleux, inclus, égalant les étamines.

Capsule tétragone, *s'amincissant au sommet*, d'abord droite, puis falquée, ou convolutée, ou contournée sur elle-même, glabre ou velue.

Onothera cheiranthifolia Horn.

Onothera cheiranthifolia Horn. var. *contorta* Dougl.

Graine jaune ou d'un gris rougeâtre ou terreuse, piriforme oblongue, lisse, amincie au sommet, parfois courbée, rappelant celle de l'*O. gauraeflora.*

Fleurit d'avril à septembre dans les lieux secs et pierreux.

f. *delicatula* Lévl. — Plante petite, gracieuse.

DISTRIBUTION GÉOGRAPHIQUE

South California: San Bernardino Co., 1876 (*C. C. Parry* and *J. G. Lemmon*). — California : Newhall, 20 mai 1882 (*C. G. Pringle*). — North Lower California : Vallecito, 5 avril 1886 (*C. R. Orcutt*). — California : San Diego, Coronado Beach, 21 avril 1895 (*J. Q. A. Fritchey*). — California : Santa Catalina island, Avalon, uplands, février 1890 (*Blanche Trask*). — California : Del. Mar. Mesa (*B. Summer Angier*). — California : San Resquel, mai 1852, n° 602 (*Geo. Thurber*). — California : Barstow, 10 avril 1890, n° 96 (*J. Q. A. Fritchey*). — California : Los Angelos, 28 avril 1891, n° 24 (*Fritchey*). — California : San Diego : (*Botta*). — California : San Bernardino Co., San Bernardino, 2500 feet, mars (*S. B. Parish*).

Var. CONTORTA Douglas. — Fleurs petites, fruit très contourné, serpentiforme ou vermiforme.

D. G. — South California, 1876, n°s 126, 127, 128 (*C. C. Parry* and *J. G. Lemmon*). — S. E. California : Mohave R. 1er juin 1876,

Onothera cheiranthifolia Horn.
f. Voitchiana Hook.

Onothera cheiranthifolia Horn.
f. Veitchiana Hook.

n° 10102 (139), (*E. Palmer*). — S. E. California : hill sides in Erskin creek, 4-5000 feet, avril-sept. 1897, n° 5083 (*C. A. Purpus*). — South California : San Diego Co., south western part of the Colorado Desert, avril 1887 (*C. R. Orcutt*). — Utah, gravel 6000 feet, 1894 (*Marcus E. Jones*). — Colorado : Grand Junction, mai 1893. (*A. Eastwood*). — California, 1875 (*C. C. Parry*). — California : San Bernardino, 1000-2500 feet (*S. B. Parish*).

Quant à la forme *Veitchiana* Hook., à laquelle nous consacrons les deux figures ci-contre, nous ne saurions préciser ses caractères tant on trouve d'intermédiaires entre cette forme et le type.

C'est cette forme dont les feuilles se rapprochent le plus de celles du *Cheiranthus Cheiri* L. Elle semble passer dans certains échantillons au *spiralis* Hooker. C'est le meilleur caractère sous lequel nous pouvons la représenter.

Nous avons pu, malgré l'extrême confusion qui règne dans les herbiers et dans les ouvrages de systématique, conserver le nom très expressif de *cheiranthifolia*, en le réservant à l'espèce, dont les formes (et très spécialement le *Veitchiana*), présentent les feuilles les plus homomorphes à celles du *Cheiranthus Cheiri*. Nous avons dû faire rentrer dans la synonymie l'appellation de *Bistorta* donnée dans les herbiers et dans les flores tantôt au *cheiranthifolia*, tantôt au *spiralis* et à sa forme *viridescens* tantôt même au *hirta*. Les capsules de ces diverses formes souvent semblables justifient l'extraordinaire confusion qui régnait jusqu'à présent dans le groupe des *tortiles* et que nous nous flattons d'avoir fait cesser, non sans peine et sans études.

33. — **ONOTHERA SPIRALIS** Hooker.

SYNONYMIE : *Œnothera Bistorta* Nutt. pro minima parte. — *Œ. viridescens* Hooker. — *Œ. suffruticosa* Wats. — *Sphaerostigma cheiranthifolium* Fish. et Mey. — *Sph. spirale* Fish. et Mey. — *Sph. viridescens* Walp. — *Holostigma cheiranthifolium* Spach. — *H. spirale* Spach. — *Onothera Autrani* Lévl. p. p. — *Œ. maritima* Auct. — *Œ. cheiranthifolia* Auct. plur.

DIAGNOSE

Racine fibreuse, simple, rarement rameuse.

Tige simple plus ou moins rameuse, couchée, ascendante, redressée, rarement droite, glabre ou velue, à épiderme exfolié.

Feuilles ovales ou ovales-lancéolées, ou spathuliformes ou suborbiculaires, sessiles ou atténuées en pétiole ; les radicales parfois pétiolées ; entières ou denticulées ou à dents espacées, peu apparentes, glabrescentes ou velues ou veloutées, tomenteuses-soyeuses, argentées ; les inférieures parfois en rosette radicale, obtuses ou subobtuses au sommet.

Fleurs jaunes, moyennes ou assez grandes, à pétales érodés ou légèrement bi-tri-échancrés, verdissant parfois par la dessiccation ; stigmate indivis, capité, égal aux étamines.

Capsule tétragone, parfois subailée, contournée, convolutée, tordue 1 ou 2 fois sur elle-même, parfois seulement falquée, rarement droite, velue ou glabrescente, sessile.

Graine roussâtre, terreuse ou noirâtre, chagrinée-ponctuée, piriforme-conique, en pointe au sommet.

Fleurit d'avril à août sur les rochers et les sables du rivage.

Cette espèce présente les formes suivantes :

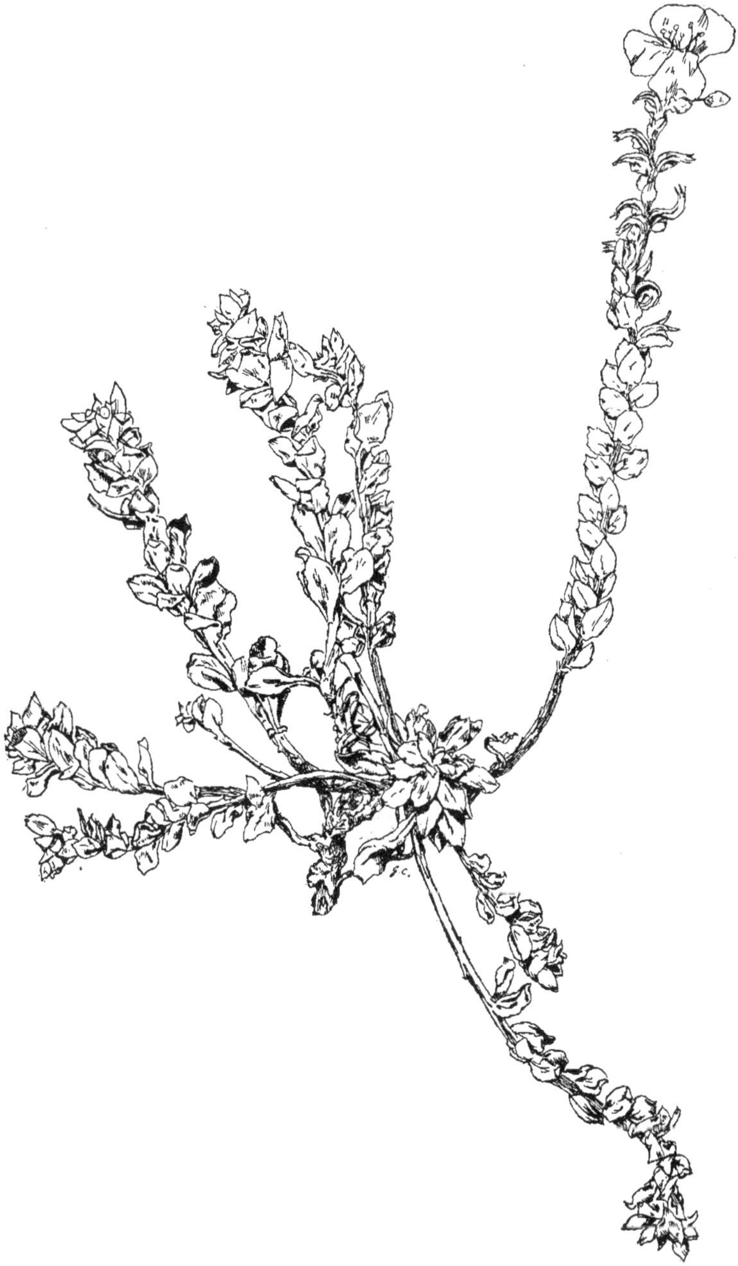

Onothera spiralis Hook.
(Deux tiers de grandeur).

f. *viridescens* Hooker. — Feuilles glabrescentes ; fleurs verdissant ordinairement par la dessiccation.

f. *arcuata* Lévl. — Fruit simplement arqué-falqué.

f. *clypeata* Lévl. — Feuilles *scutiformes*, sessiles, comme mucronées au sommet.

Nous avons noté une fascie chez un échantillon de San Francisco recueilli en juin 1880 (*G. R. Vasey*).

DISTRIBUTION GÉOGRAPHIQUE

California : San Nicholas island on seashore and on cliffs, 500-1000 feet (*Blanche Trask*). — California : San Diego, 1875, n° 5374 (101), (*Edw. Palmer*). — California : San Diego, Coronado Beach, 21 avril 1895 (*J. Q. A. Fritchey*). — California : San Diego Co., sea-coast, 10 juin 1897, n° 4434 (*S. B. Parish*). — California : San Diego, 1882 (*C. C. Parry*). — California : Long Beach, 3 avril 1891, n° 15 (*Fritchey*). — California : in scopulis, P. Lobos, 9 août 1872, n° 2334 (120) (*John H. Redfield*). — California : San Francisco, drifting sand, 1868, n° 93 (*Bolander*). — S. California : San Dieguito, Valley Del Mar., grows almost near the saltwater (*Belle Summer Angier*). — California : San Francisco, strand near Cliffhouse, 6 juill. 1880 (*George Engelmann*). — California (*J. M. Ordway*).

L'échantillon du Muséum de Paris, cueilli à San Francisco, sables maritimes, juillet 1877 par Savatier, passe soit au *cheiranthifolia* soit au *Jonesi* et à l'*Autrani*.

En résumé, cette espèce semble cantonnée dans la Californie maritime. C'est, croyons-nous, une race maritime de l'espèce précédente. En d'autres termes, l'*O. Bistorta* présenterait deux formes : l'*O. cheiranthifolia* forme continentale et l'*O. spiralis* particulière aux côtes du Pacifique.

34. — **ONOTHERA GAURÆFLORA** Torr. et Gr.

Synonyme : *Sphærostigma gauræflorum* Walp. — *Sph. Boothii* Walp. — *Sph. alyssoides* Walp. — *Holostigma alyssoides* Hook. — *Œnothera decorticans* Greene. — *Œ. lithospermoides* Nutt. ex Hook. et Arn. — *Œ. pygmæa* Dougl. ex Lehm. non Speg. — *Œ. Boothii* Dougl. — *Œ. alyssoides* Hook. et Arn.

Onothera gauraeflora Torr. et Gr.
(Fleurs en grandeur naturelle).

DIAGNOSE

Racine fibreuse ou un peu rameuse. Tige simple ou rameuse, glabre ou velue, dressée ou redressée ascendante, parfois couchée, à épiderme exfolié scarieux.

Feuilles inférieures et radicales ovales, pétiolées, souvent assez longuement ; les caulinaires atténuées en pétiole ou subsessiles ou sessiles, subentières ou dentées, glabres ou velues ; ordinairement peu nombreuses, ovales ou lancéolées ; à nervure médiane saillante.

Fleurs jaunes, parfois blanches, d'un blanc rosé sur le sec, moyennes, disposées en épis ou en corymbes, parfois à inflorescence

Onothera gauraeflora Torr. et Gr.

(Fruits en grandeur naturelle).

scorpioïde; pétales entiers, veinés; stigmate indivis, parfois denté capité et longuement exsert.

Capsules réfractées ou falquées, formant parfois des épis serrés (fig. p. 224) ou enroulées plusieurs fois sur elles-mêmes et absolument serpentiformes comme les cheveux d'une tête de Méduse, glabres ou velues, distribuées alors en paquets dont un souvent placé à la base de la plante ; nervées au milieu de chaque face, amincies en pointe au sommet.

Graine d'un gris perle, grise ou terreuse, piriforme lisse, acuminée au sommet, droite ou courbée.

Fleurit d'avril à septembre dans les lieux sablonneux arides.

DISTRIBUTION GÉOGRAPHIQUE

South Utah : Near Saint-George, 1874, nos 2331, 2335 (48, 67, 68, 135) (*C. C. Parry*). — East Oregon : Very common in the desert region, 20 juin 1898, n° 1940 (*Wm. C. Cusick*). — Idaho : Nampa, 1er juill. 1892 (*A. Isabel Mulford*). — California Inyo Co : near Keeler, 1100 m, 14 mai 1891 (*Fred. V. Coville* and *Fred Funston*). — Utah ; Kobe valley, 28 mai 1859. — California : Amedee. 4000 feet, 23 juin 1897 (*Marcus E. Jones*). — South and Lower California, San Bernardino, Mohave River, 13 mai 1882 (*C. R. Orcutt*). — California : San Diego Co, south western part of the Colorado Desert, 1889 (*C. R. Orcutt*). — Arizona : Hardyville, 8 mai 1876, n° 10105 (*E. Palmer*). — S. E. California : sandy slopes, 4-5000 feet, avril-sept. 1897, n° 5910 (*C. A. Purpus*). — South California : Kern Co, green Horn Mountains. 6-7000 feet, 15 juillet 1888, n° 97 (Dr Edw Palmer). — California : San Luis Obispo Co. Paso Robles, 19, 21 avril et 28 mai 1899 (*J. H. Barber*). — Mexique : Vallée du Rio Grande au dessous de Donana.

Le type passe souvent à la variété suivante.

Il paraît y avoir une relation entre la forme des graines et celle des capsules. Les graines couchées paraissent donner naissance à des capsules contournées. Toutefois ce n'est là qu'une hypothèse et cette corrélation, pour être justifiée et précisée, aurait besoin d'être appuyée par des expériences culturales.

Onothera gauraeflora Torr. et Gr. VAR. *caput medusæ* Lévl. (Grandeur naturelle.)

Var. CAPUT-MEDUSÆ Lévl. (*Œ. alyssoides* p. p.) — Capsules en paquets axillaires figurant, par leur disposition, la tête de Méduse.

D. G. — California, 1875, n° 102 (*J. G. Lemmon*). — Nevada : Reno foothills, 10 juin 1897, n° 5500 (*Marcus E. Jones*). — California : Sierra Nevada, E. slopes, 1875, n° 10101 (102), (*J. G. Lemmon*).

RACE : **Boothii** Dougl.

Souche pivotante sinueuse ; tige très peu élevée, tortueuse.

Feuilles la plupart caulinaires; plante rameuse à feuilles érodées ou *nettement dentées*, lanceolées, longuement pétiolées ; à fleurs très petites, moins longues que les bractées et disposées en corymbe ou en inflorescence scorpioïde ; stigmate capité arrondi, capsule linéaire atténuée à l'extrémité.

Capsules d'O. caput medusæ

DISTRIBUTION GÉOGRAPHIQUE

California : East flank of Sierra Nevada, 1875, n° 10103 (103), (*J. G. Lemmon*). South. California : Kern Co. — Oregon.

Var. HITCHCOCKII Lévl. — Plante plus grêle *sous tous rapports*, très rameuse.

D. G. — Simpson's Park, 6 juillet 1889.

Chez l'*O. gauræflora* la fleur offre assez d'analogie, par son aspect cruciforme, avec celle de l'*O. refracta* et avec celle du groupe *brevipes*. En tout cas elle se distingue bien de celles des *O. cheiranthifolia* et *spiralis*.

Les feuilles de la race *Boothii* rappellent un peu celles de l'*O. cardiophylla*.

Onothera gauraeflora Torr. et Gr.
(Race : *Boothii* Dougl.
Rameau
(Grandeur naturelle.)

35. — **ONOTHERA ANGELORUM** Watson

SYNONYMIE : *Œnothera angulosum* (errore) Watson. — *Œ. septrostigma* Brandegee.

DIAGNOSE

Racine pivotante allongée.

Plante à port d'*O. pinnatifida*.

Feuilles linéaires, irrégulièrement dentées-roncinées comme dans l'*O. dissecta* dont l'*O. Angelorum* diffère par son fruit prismatiforme.

Fleurs plutôt petites, à tube du calice très grêle, à pétales veinés-jaunâtres à l'onglet ; stigmate indivis-capité.

Capsule allongée, linéaire, grêle, contournée, toruleuse, terminée en bec.

DISTRIBUTION GÉOGRAPHIQUE

Lower California : Los Angeles Bay ; gulf of California, 22 novembre et 20 décembre 1888. Lagoon head, 1889 (Dr EDW. PALMER).

Phot. Bellotti, Saint-Etienne. Cliché de MM. l'abbé Corbin et Triconnet

Onothera chamænerioides Asa Gray.

36. — **ONOTHERA CHAMÆNERIOIDES** Gray.

Synonymie : *Sphaerostigma minutiflorum* Small.

DIAGNOSE

Racine fibreuse, simple.

Tige droite ou redressée, rarement couchée, simple ou rameuse, souvent rougeâtre, pubescente ou glabrescente ; rameaux parfois glanduleux.

Feuilles ovales ou oblongues-lancéolées ou lancéolées, entières ou à dents écartées peu apparentes, plus ou moins longuement pétiolées, pubescentes ou glabrescentes, alternes, assez souvent rougeâtres ; à nervures blanchâtres.

Fleurs très petites, *épilobiiformes*, rougeâtres, parfois blanches à la base, à pétales entiers, spathulés-oblongs, stigmate indivis, 4-mamelonné.

Capsule *étroitement* et *longuement linéaire*, sessile glabrescente, étalée, parfois contournée sur elle-même ou tordue.

Graine grise, oblongue, papilleuse, obtuse aux deux extrémités.

Capsule
d'O. chamænerioides

La capsule de cette espèce rappelle absolument celle des espèces du genre *Epilobium*. Les fleurs d'ailleurs et la tige elle-même ont le port de celles de ce genre, notamment elles rappellent dans l'espèce *tetragonum* la race *Gilloti* Lévl. (*obscurum* p. p.) Les feuilles moins épilobiiformes sont aussi longuement pétiolées que chez l'*Epilobium roseum*.

Fleurit d'avril à juin dans les lieux sablonneux humides.

DISTRIBUTION GÉOGRAPHIQUE

Southern Utah, 1874, n° 2333 (71), (*C. C. Parry*). — Arizona : hills near Jackson, 27 avril 1883, n° 15997 (*C. G. Pringle*). — Southern Arizona : Camp Grant, 22 avril 1867, n° 99 (Dr Edw. Palmer). — N. Mexique : El Paso, mars 1852, n° 1377 (*C. Wright*). — Utah : Saint-Georges, 2000 feet, 2 avril 1880, n° 13137 (1623), (*Marcus E. Jones*). — California : Shepherd's Canon, 4600 feet, 3 avril 1897 (*Marcus E. Jones*). — Texas : El Paso, 22 avril 1884 (*Marcus E. Jones*). — Arizona : Yucca, 20 mai 1884, n° 3934 (*Marcus E. Jones*). — Arizona : Sierra Tucson. — Wyoming : Green River, 14 juin.

Var. TORTA Lévl. — Capsules légèrement arquées, contournées ; plante petite, (moyenne 10 cm.) ; racine pivotante.

D. G. Wyoming : Granger, 3 juin 1898 (*Aven Nelson*). — Oregon : Sandy soil, 1885, n° 1228 (*Wm. C. Cusick*).

37. **ONOTHERA EULOBUS** Lévl.

Synonymie ; *Eulobus californicus* Watson. — *Œnothera californica* Greene.

DIAGNOSE

Racine fibreuse.

Tige simple ou rameuse, plus ou moins nue.

Feuilles la plupart radicales, roncinées, oblongues, pétiolées.

Fleurs jaunes, roses sur le sec, à pétales entiers ; stigmate indivis, globuleux, inclus ainsi que les étamines.

Capsule allongée-linéaire, atteignant jusqu'à 10 et 12 cm. et rappelant celle de l'*O. brevipes*.

Graine brune, chagrinée, pyramidale-triangulaire.

Fleurit d'avril à juin.

DISTRIBUTION GÉOGRAPHIQUE

California : San Bernardino (*G. R. Vasey*). — California : San Quentin Bay and Lagoon head (Dr Edw. Palmer). — California : Santa Catalina island, Avalon (*Blanche Trask*). — California : San Luis Obispo Co, 25 juin 1897 (*J. H. Barber*).

Cette espèce, par ses capsules allongées, grêles et par ses fleurs, rappelle l'*O. crassifolia* Greene et tout particulièrement le port de la var. *leptocarpa* de cette espèce, mais ses feuilles radicales roncinées l'en distinguent immédiatement.

Onothera Eulobus Lévl.
(Un tiers de grandeur).

GROUPE DES TORTILES

I. — DESCRIPTION DES TYPES

Onothera crassifolia

Feuille épaisse de 435 μ.

Mésophylle centrique.

Faisceau ligneux large de 152 μ, épais de 42 μ (R = 3,61).

Poils nuls.

Onothera refracta

Feuille épaisse de 305 μ.

Mésophylle centrique.

Faisceau ligneux large de 221 μ, épais de 89 μ (R = 2,48).

Poils largement obtus, tous dressés et finement verruqueux, longs de 100-180 μ, larges de 15-35 μ, à paroi épaisse de 1-2 μ.

Extrémité des nervures pourvues de véritables grappes de cellules vasculaires.

Onothera hirta

Feuille épaisse de 205 μ.

Mésophylle centrique.

Faisceau ligneux large de 105 μ, épais de 52 μ (R = 2).

Poils aigus, d'une seule nature, tous finement verruqueux, mais de deux sortes : les uns dressés, longs de 55-510 μ, larges de 15-35 μ, à paroi épaisse de 1-8 μ ; les autres arqués-appliqués, longs de 130-280 μ, larges de 15-22 μ, à paroi épaisse de 4-5 μ.

Extrémité des nervures pourvues de véritables grappes de cellules vasculaires.

Onothera Boothii

Feuille épaisse de 300 μ.

Mésophylle centrique.

Faisceau ligneux large de 178 μ, épais de 68 μ (R = 2,61).

Poils de deux natures : les uns lisses, claviformes, dressés ou inclinés, longs de 130-250 μ, et larges de 10-17 μ ; les autres finement verruqueux, aigus, dressés ou inclinés, longs de 290-925 μ, larges de 15-40 μ, à paroi épaisse de 1,5-3 μ.

Onothera gauræflora

Feuille épaisse de 265 μ.

Mésophylle centrique.

Faisceau ligneux large de 384 μ, épais de 73 μ (R = 5,26).

Poils de deux natures : les uns lisses, utriformes, appliqués, longs de 70 μ, larges de 10 μ ; les autres finement verruqueux, aigus ou obtus, tous arqués-appliqués, longs de 50-200 μ, larges de 10-30 μ, à paroi épaisse de 1,5-2 μ.

Cuticule non épaissie ; épidermes épais de 20-25 μ ; cellules palissadiques supérieures hautes de 40-50 μ.

Onothera alyssoides

FEUILLE épaisse de 460 µ

MÉSOPHYLLE centrique.

FAISCEAU LIGNEUX large de 194 µ, épais de 78 µ (R = 2,49).

POILS de deux natures : les uns lisses, utriformes, dressés ou inclinés-couchés, longs de 30-40 µ, larges de 10-12 µ ; les autres finement verruqueux, tous obtus, arqués-appliqués, longs de 75-120 µ, larges de 14-20 µ, à paroi épaisse de 2-3 µ.

Cuticule épaissie ; épidermes épais de 30-45 µ ; cellules palissadiques supérieures hautes de 95-100 µ.

Onothera Eulobus

FEUILLE épaisse de 210 µ.

MÉSOPHYLLE centrique.

FAISCEAU LIGNEUX large de 226 µ, épais de 52 µ (R = 4,34).

POILS de deux natures : les uns lisses, claviformes, dressés ou inclinés, longs de 110-145 µ, larges de 10-15 µ ; les autres aigus, finement verruqueux, à paroi épaisse de 1,5-2 µ, et de deux sortes : dressés ou inclinés, longs de 120-190 µ, larges de 13-20 µ ; arqués-appliqués longs de 95 µ, larges de 15 µ.

Onothera chamænerioides

FEUILLE épaisse de 330 µ.

MÉSOPHYLLE centrique.

FAISCEAU LIGNEUX large de 184 µ, épais de 92 µ (R = 2).

POILS de deux natures ; les uns lisses, claviformes, dressés, longs de 110-140 µ, larges de 14-16 µ ; les autres finement verruqueux, obtus, à paroi épaisse de 2 µ, et de deux sortes : dressés, longs de 135 µ, larges de 33 µ ; arqués-appliqués, longs de 125-145 µ, larges de 22-33 µ.

Onothera cheiranthifolia

FEUILLE épaisse de 350 μ.

MÉSOPHYLLE centrique.

FAISCEAU LIGNEUX large de 126 μ, épais de 68 μ (R = 1,85).

POILS de deux natures ; les uns lisses, claviformes, dressés ou inclinés, longs de 62-115 μ, larges de 10-15 μ ; les autres finement verruqueux, aigus, à paroi épaisse de 2-3 μ, et de deux sortes : dressés, longs de 230-485 μ, et larges de 13-40 μ ; arqués-inclinés ou appliqués, longs de 85-235 μ, larges de 15-30 μ.

Onothera contorta

FEUILLE épaisse de 290 μ.

MÉSOPHYLLE centrique.

FAISCEAU LIGNEUX large de 273 μ, épais de 91 μ (R = 3).

POILS de deux natures : les uns lisses, utriformes, dressés, longs de 50-67 μ, larges de 10-15 μ ; les autres finement verruqueux, aigus, à paroi épaisse de 2-5 μ, et de deux sortes : dressés, longs de 140-500 μ, larges de 12-32 μ ; arqués-inclinés ou appliqués, longs de 105-160 μ, larges de 10-30 μ.

Onothera Veitchiana

Semblable à l'espèce précédente, mais FAISCEAU LIGNEUX large de 405 μ et épais de 78 μ (R = 5,19).

Onothera spiralis

FEUILLE épaisse de 280 μ.

MÉSOPHYLLE centrique.

FAISCEAU LIGNEUX large de 215 μ, épais de 55 μ (R = 3,90).

POILS de deux natures : les uns lisses, claviformes, dressés ou inclinés, longs de 55-135 μ, larges de 11-17 μ ; les autres finement verruqueux, aigus ou subaigus, à paroi épaisse de 7-9 μ, et de deux sortes : dressés, longs de 180-390 μ et larges de 25-29 μ ; arqués-appliqués, longs de 105-240 μ, larges de 20-25 μ.

Onothera Jonesii

Feuille épaisse de 230 μ.
Mésophylle subcentrique.
Faisceau ligneux long de 147 μ, épais de 63 μ (R = 2,33).
Poils de deux natures : les uns lisses, claviformes, dressés, inclinés ou appliqués, longs de 73-120 μ, larges de 10-15 μ ; les autres finement verruqueux, à paroi épaisse de 1,5-2 μ, et de deux sortes : dressés ou inclinés, longs de 140-750 μ, larges de 18-75 μ ; arqués-inclinés ou appliqués, longs de 90-530 μ, larges de 20-35 μ.

II. — DESCRIPTION RÉSUMÉE DES SECTIONS

Glabræ

Feuille épaisse de 435 μ.
Mésophylle centrique.
Faisceau ligneux large de 152 μ, épais de 42 μ (R = 3,61).

Rhytidotrichæ

Feuille épaisse de 205-305 μ.
Mésophylle centrique.
Faisceau ligneux large de 105-221 μ, épais de 52-89 μ (R = 2 à 2,48).
Poils finement verruqueux, tantôt d'une seule sorte, tous dressés (O. refracta), tantôt les uns dressés, les autres arqués-appliqués (O. hirta), longs de 55-510 μ, larges de 15-35 μ, à paroi épaisse de 1-8 μ.

Heterotrichæ

Feuille épaisse de 210-460 μ.
Mésophylle centrique ou subcentrique.
Faisceau ligneux large de 126-384 μ, épais de 52-92 μ (R = 1,85 à 5,26).
Poils de deux natures ; les uns lisses, claviformes ou utriformes. dressés, inclinés ou appliqués, longs de 30-250 μ, larges de 10-17 μ ; les autres finement verruqueux, dressés, inclinés ou arqués, longs de 50-925 μ, larges de 10-75 μ, à paroi épaisse de 1,5-9 μ.

III. — CONSPECTUS DES ESPÈCES

I. Feuille glabre, épaisse de 435 μ ; faisceau ligneux large de 152 μ, épais de 42 μ (R = 3,61) = *O. crassifolia.*

II. Seulement des poils finement verruqueux ; extrémités des nervures pourvues de véritables grappes de cellules vasculaires.

A. Poils largement obtus, tous dressés, longs de 100-180 μ, à paroi épaisse de 1-2 μ ; faisceau ligneux large de 221 μ, épais de 89 μ ; feuille épaisse de 305 μ = *O. refracta.*

B. Poils aigus, les uns dressés, longs de 55-510 μ, à paroi épaisse de 1-8 μ ; les autres arqués-appliqués longs de 138-280 μ, à paroi épaisse de 4-5 μ ; faisceau ligneux large de 105 μ, épais de 52 μ ; feuille épaisse de 205 μ = *O. hirta.*

III. Des poils lisses (utriformes ou claviformes) et des poils finement verruqueux.

A. Poils verruqueux aigus, tous dressés ou inclinés, longs de 290-925 μ ; faisceau ligneux large de 178 μ, épais de 68 μ (R = 2,61) = *O. Boothii*.

B. Poils verruqueux tous arqués appliqués.

α Poils verruqueux les uns aigus, les autres obtus, faisceau ligneux large de 384 μ, épais de 73 μ (R = 5,26) ; feuille épaisse de 265 μ ; cuticule non épaissie ; épiderme épais de 20-25 μ ; cellules palissadiques supérieures hautes de 40-50 μ = *O. gauræflora*.

β Poils verruqueux tous obtus ; faisceau ligneux large de 194 μ, épais de 78 μ (R = 2,49) ; feuille épaisse de 460 μ ; cuticule épaissie, épiderme épais de 30-45 μ ; cellules palissadiques supérieures hautes de 95-100 μ = *O. alyssoides*.

C. Poils verruqueux de deux sortes, les uns dressés ou inclinés, les autres arqués ou arqués-appliqués.

α Mésophylle évidemment centrique.

⊙ Poils verruqueux à paroi peu épaisse (en général 1,5-3 μ ; quelquefois jusqu'à 5 μ).

Δ Poils lisses claviformes, dont les plus longs dépassent 100 μ, atteignant jusqu'à 145 μ.

+ Poils verruqueux les plus longs n'atteignant pas 200 μ.

✲ Feuille épaisse de 210 μ ; faisceau ligneux large de 226 μ, épais de 52 μ (R = 4,34) ; poils verruqueux aigus, larges de 13-20 μ = *O. Eulobus*.

✲ Feuille épaisse de 330 μ ; faisceau

ligneux large de 184 μ, épais de 92 μ (R = 2); poils verruqueux obtus, larges de 22-33 μ = *O. chamænerioides.*

+ Poils verruqueux aigus, larges de 13-40 μ, les plus longs atteignant jusqu'à 485 μ ; feuille épaisse de 350 μ ; faisceau ligneux large de 126 μ, épais de 68 μ (R = 1,85) = *O. cheiranthifolia.*

Δ Poils lisses utriformes, longs de 50-67 μ ; les poils verruqueux à paroi épaisse de 2-5 μ, les plus longs atteignant jusqu'à 500 μ.

+ Faisceau ligneux large de 273 μ, épais de 91 μ (R = 3) = *O. contorta.*

+ Faisceau ligneux large de 405 μ, épais de 78 μ (R = 5,19) = *O. Veitchiana.*

⊙ Poils verruqueux à paroi très épaisse (7-9 μ), les plus longs atteignant jusqu'à 390 μ ; poils lisses claviformes longs de 55-135 μ = *O. spiralis.*

β Mésophylle subcentrique ; poils lisses claviformes longs de 73-120 μ ; poils verruqueux à paroi épaisse de 1,5-2 μ, les plus longs atteignant jusqu'à 750 μ, et certains ayant jusqu'à 75 μ de large = *O. Jonesii.*

IV. — GROUPEMENT EN SECTIONS

1re Section (glabræ) : *O. crassifolia.*

2e Section (rhytidotrichæ).

1re Sous-section : *O. refracta.*

2e Sous-section : *O. hirta.*

3e Section (heterotrichæ).

1re Sous-section : *O. Boothii.*
2e Sous-section : *O. gauræflora, alyssoides.*
3^e^ Sous-section : *O. Eulobus.*
O. chamænerioides, cheirantifolia, contorta.
Veitchiana, spiralis, Jonesii.

V. — CLASSIFICATION

Spec. 1 : *Onothera crassifolia.*
2 : — *refracta.*
3 : — *hirta.*
4 : — *Boothii.*
5 : — *gauræflora.*
β alyssoides.
6 : — *Eulobus.*
7 : — *chamænerioides.*
8 : — *cheiranthifolia.*
9 : — *contorta.*
β Veitchiana.
10 : — *spiralis.*
11 : — *Jonesii.*

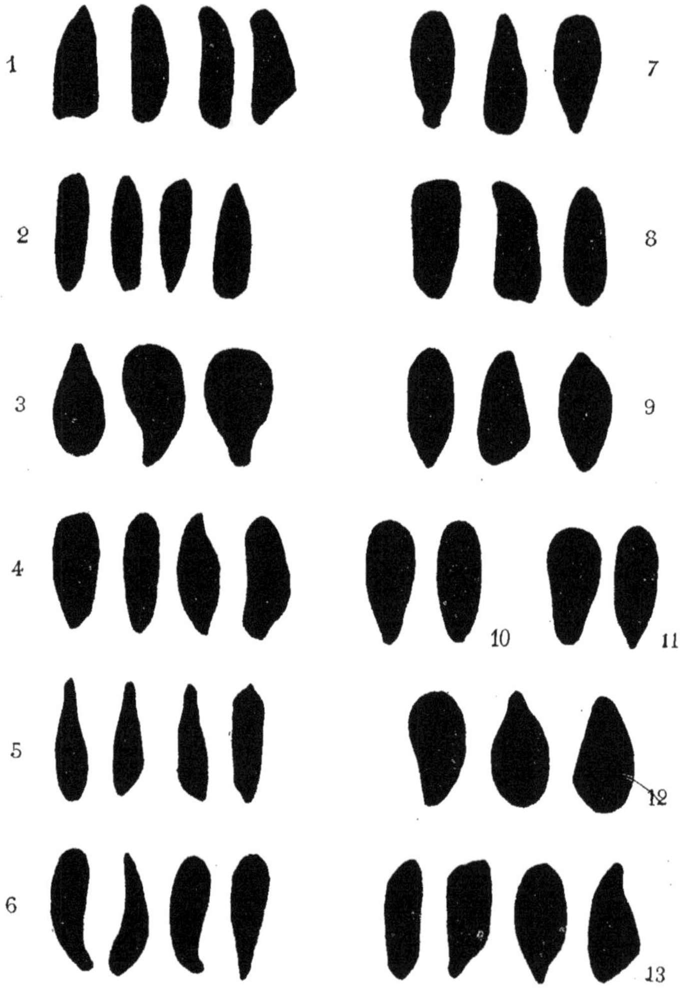

1, O. crassifolia ; 2, O. refracta ; 3, O. hirta ; 4, O. gauræflora, race Boothii ; 5, O. gauræflora ; 6, O. gauræflora, var. *caput-medusæ* ; 7, O. Eulobus ; 8, O. Chamænerioides ; 9, O. cheiranthifolia ; 10, O. cheiranthifolia, var. *contorta* ; 11, O. cheiranthifolia f. *Veitchiana* ; 12, O. spiralis ; 13, O. hirta, f. *Jonesii*.

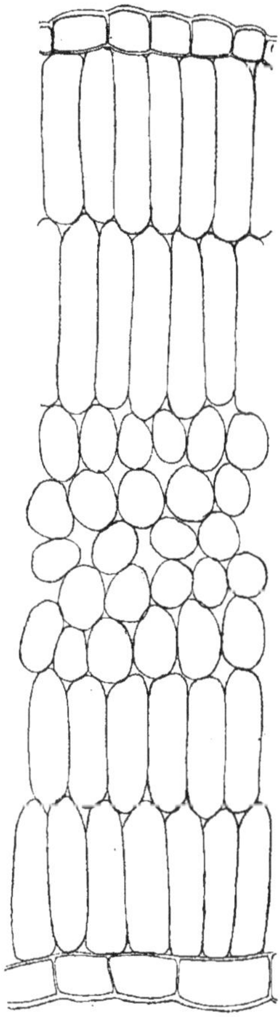

I

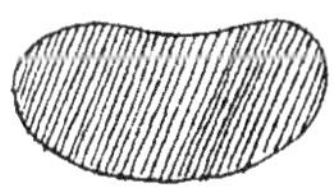

2

Dessins anatomiques d'O. crassifolia

1, Coupe transversale de la feuille (grossissement : (g = 350). — 2, Coupe transversale du faisceau ligneux (g = 190).

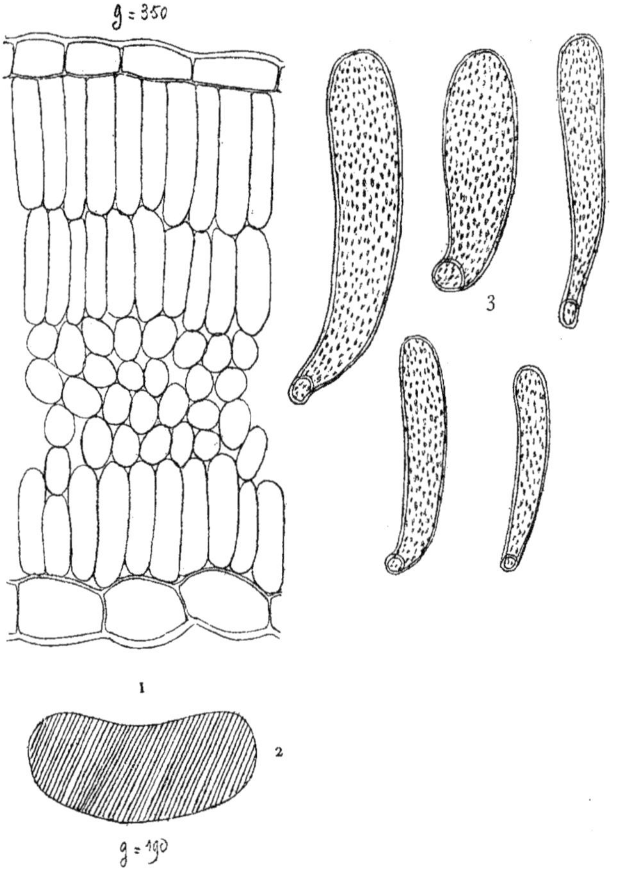

DESSINS ANATOMIQUES D'O. REFRACTA

1, Coupe transversale de la feuille (grossissement : g = 350). — 2, Coupe transversale du faisceau ligneux (g = 190). — 3, Poils verruqueux (g = 350).

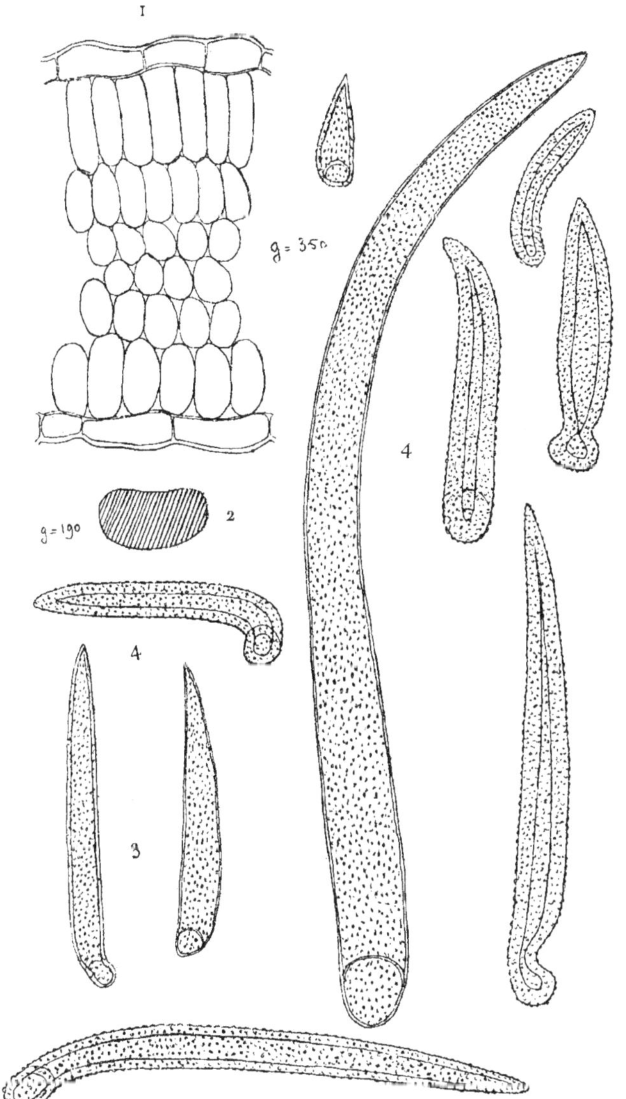

4

DESSINS ANATOMIQUES D'O. HIRTA

1, Coupe transversale de la feuille (grossissement : g = 350). -- 2, Coupe transversale du faisceau ligneux (g = 190). — 3, Poils verruqueux-dressés (g = 350). — 4, Poils verruqueux-appliqués (g = 350).

1

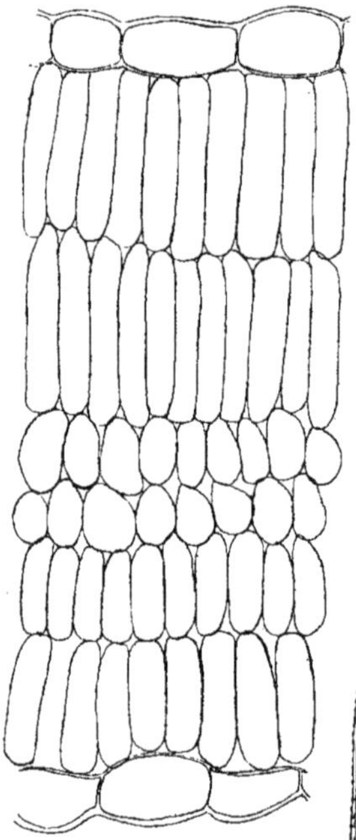

3

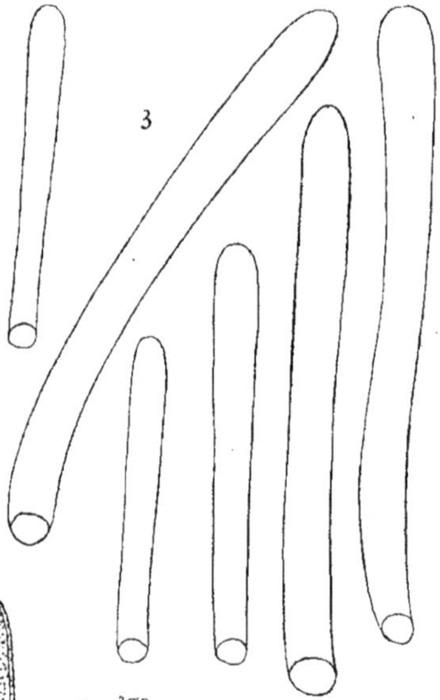

g = 350

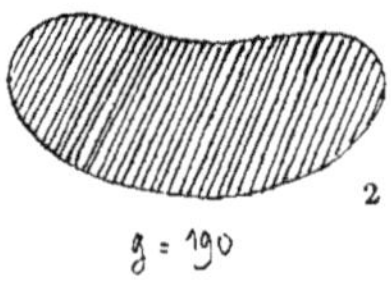

2

g = 190

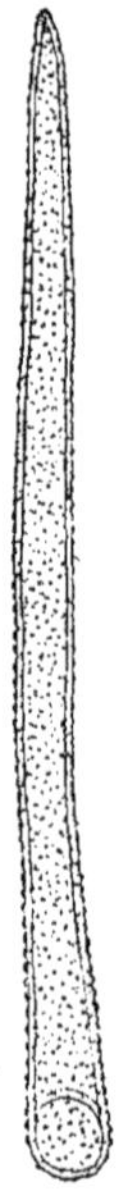

4

DESSINS ANATOMIQUES D'O. BOOTHII

1, Coupe transversale de la feuille (grossissement : g = 350). — 2, Coupe transversale du faisceau ligneux (g = 190). — 3, Poils lisses (g = 350). — 4, Poils verruqueux (g = 350).

NOTA : Les lettres a a', les signes ★ et ⊙, indiquent les points de raccord des deux parties d'un même poil, scindé pour la commodité du dessin.

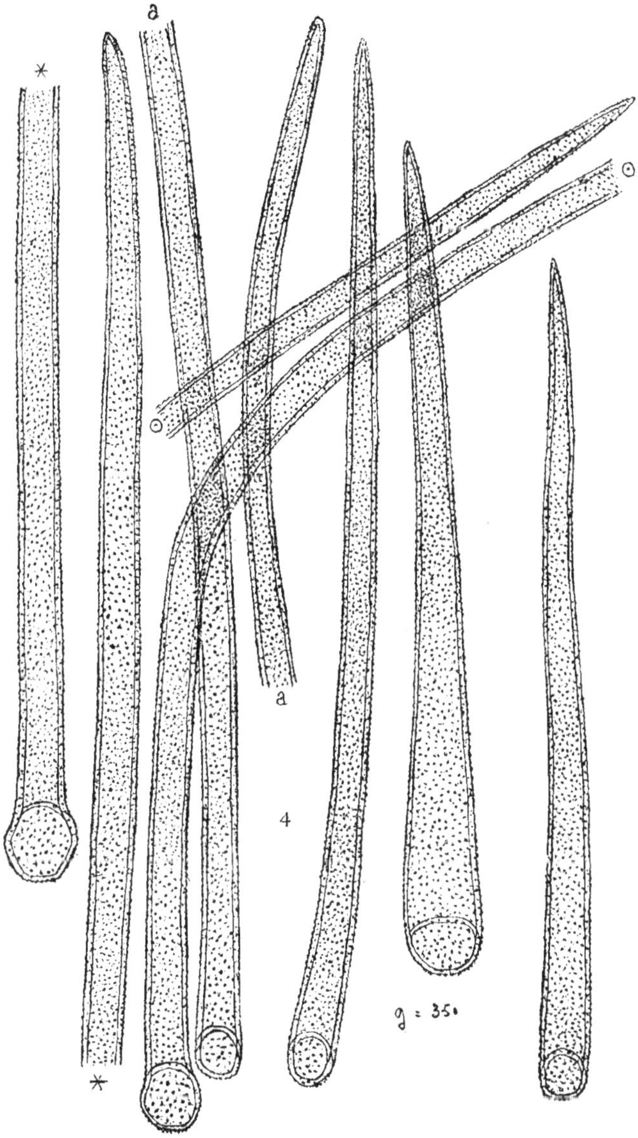

Dessins anatomiques d'O. Boothii (*suite*)

(Voir légende précédente)

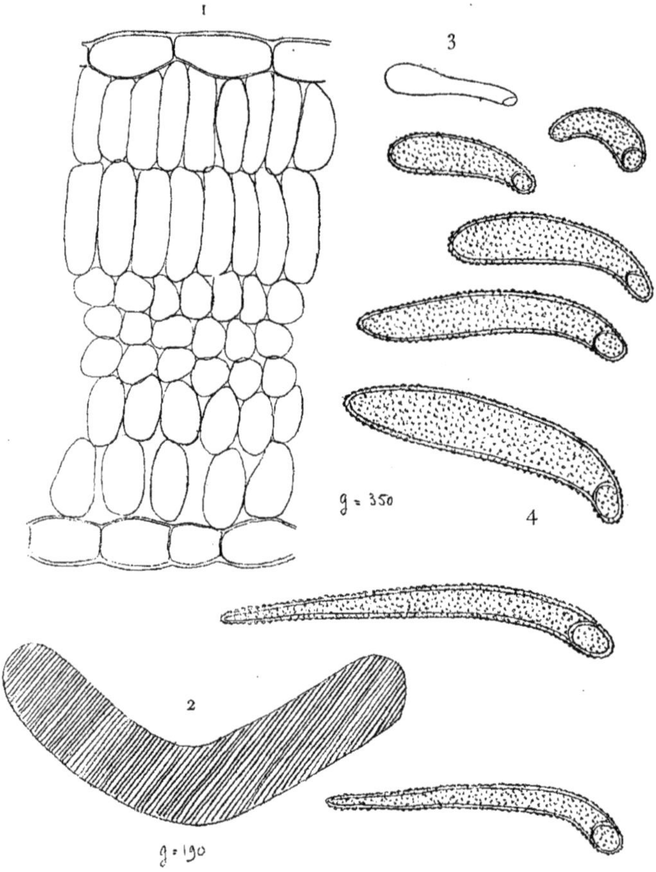

DESSINS ANATOMIQUES D'O. GAURAEFLORA

1, Coupe transversale de la feuille (grossissement : g = 350). — 2. Coupe transversale du faisceau ligneux (g = 190). — 3, Poils lisses (g = 350). — 4, Poils verruqueux (g = 350)

I

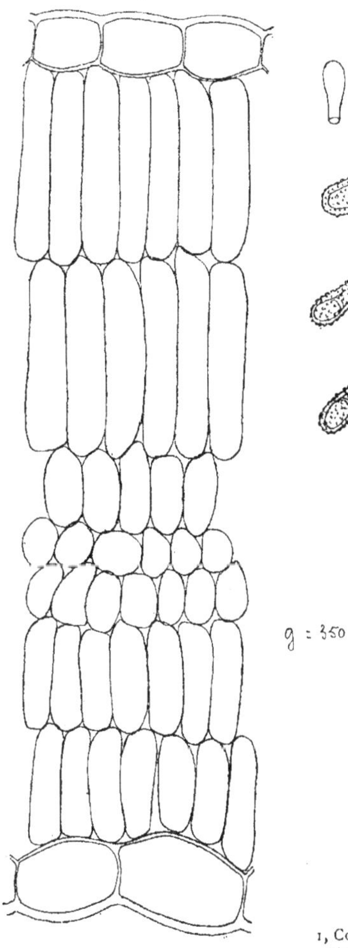

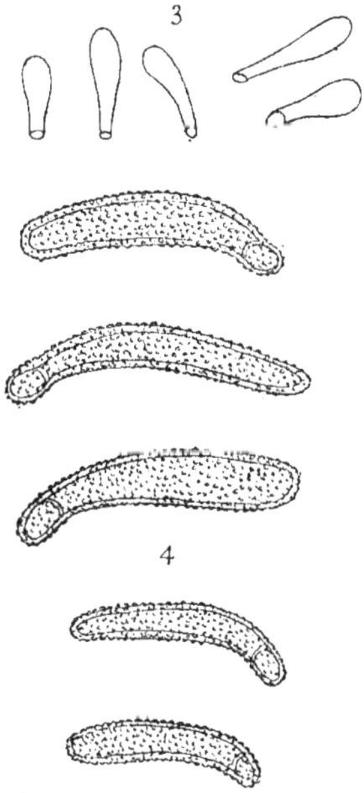

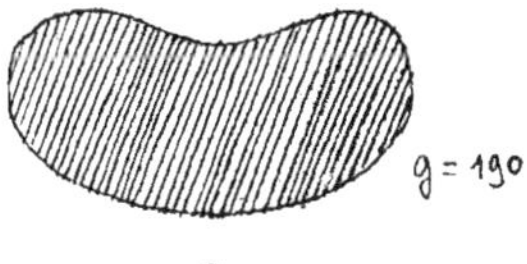

2

Dessins anatomiques d'O. alyssoides

1, Coupe transversale de la feuille (grossissement : g = 350). -- 2, Coupe transversale du faisceau ligneux (g = 190). — 3, Poils lisses (g = 350), — 4, Poils verruqueux (g = 350).

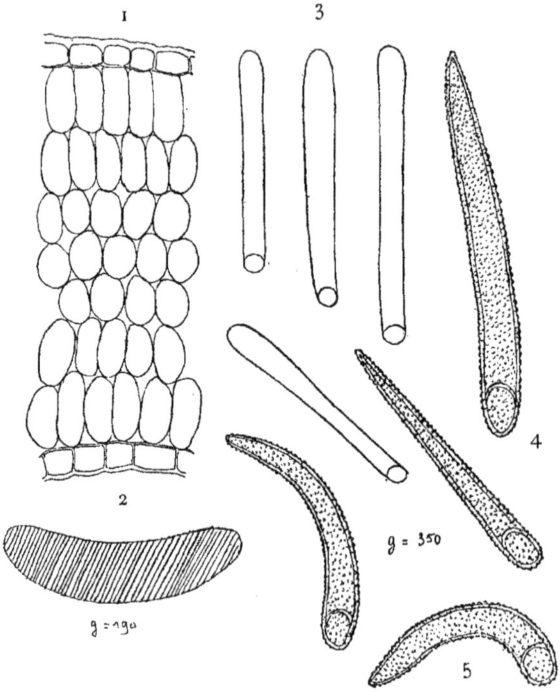

Dessins anatomiques d'O. Eulobus

1, Coupe transversale de la feuille (grossissement : g = 350). — 2, Coupe transversale du faisceau ligneux (g = 190). — 3, Poils lisses (g = 350). — 4, Poils verruqueux dressés ou inclinés (g = 350). — 5, Poils verruqueux arqués-appliqués (g = 350).

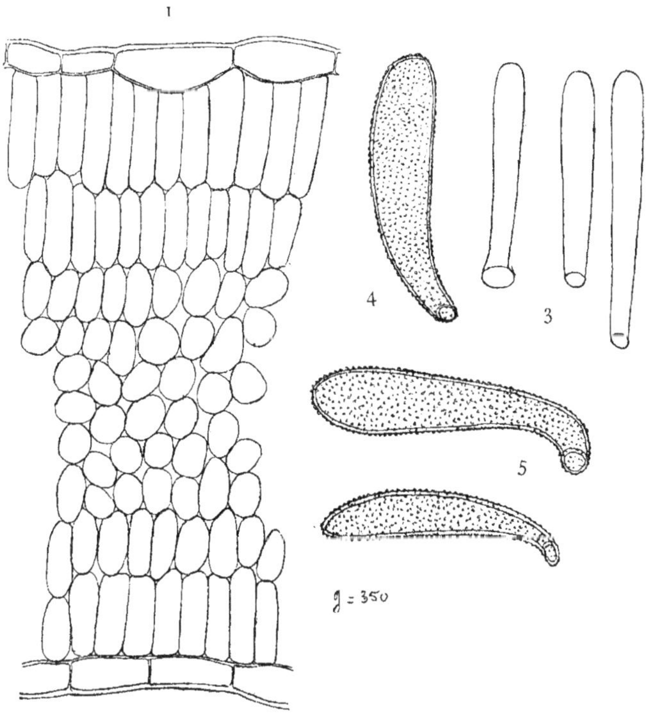

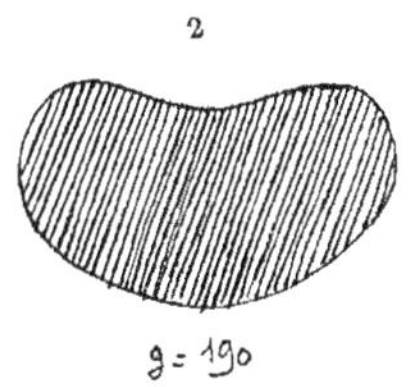

DESSINS ANATOMIQUES D'O. CHAMÆNERIOIDES

1, Coupe transversale de la feuille (grossissement : (g = 350). — 2, Coupe transversale du faisceau ligneux (g = 190). — 3, Poils lisses (g = 350). — 4, Poils verruqueux dressés (g = 350). — 5, Poils verruqueux arqués-appliqués (g = 350).

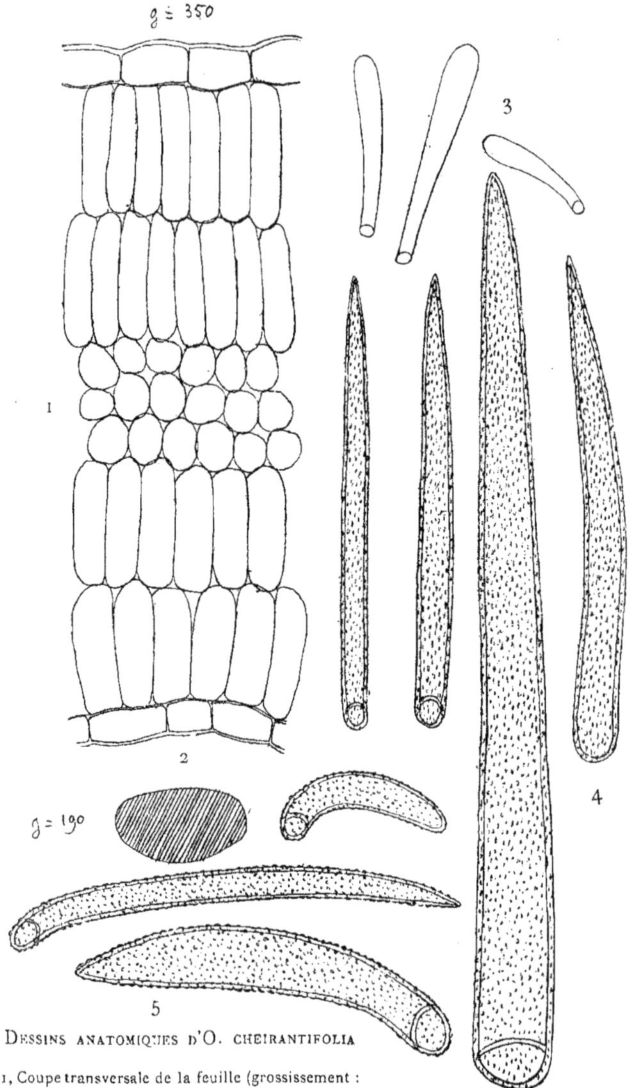

DESSINS ANATOMIQUES D'O. CHEIRANTIFOLIA

1, Coupe transversale de la feuille (grossissement : g = 350). — 2, Coupe transversale du faisceau ligneux (g = 190). — 3, Poils lisses (g = 350). — 4, Poils verruqueux dressés (g = 350). — 5, Poils verruqueux arqués-appliqués (g = 350).

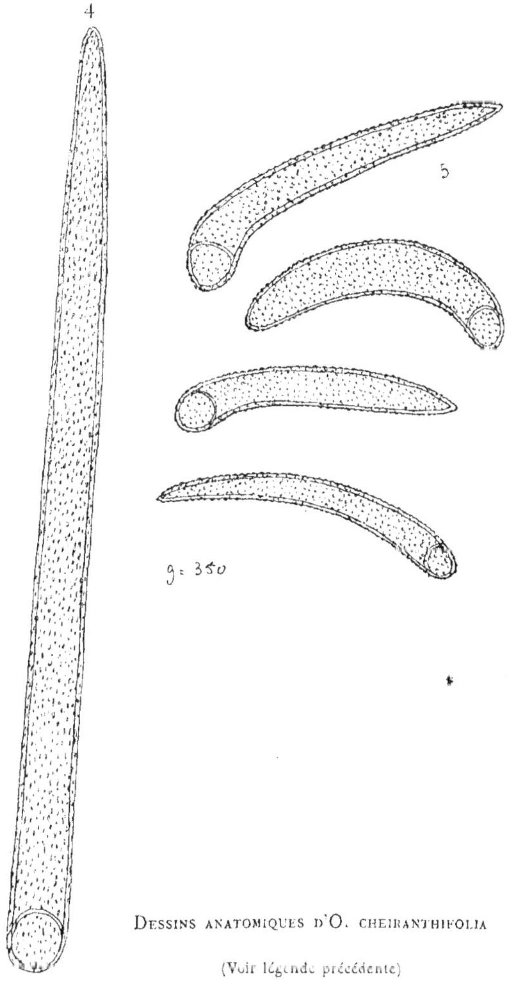

DESSINS ANATOMIQUES D'O. CHEIRANTHIFOLIA

(Voir légende précédente)

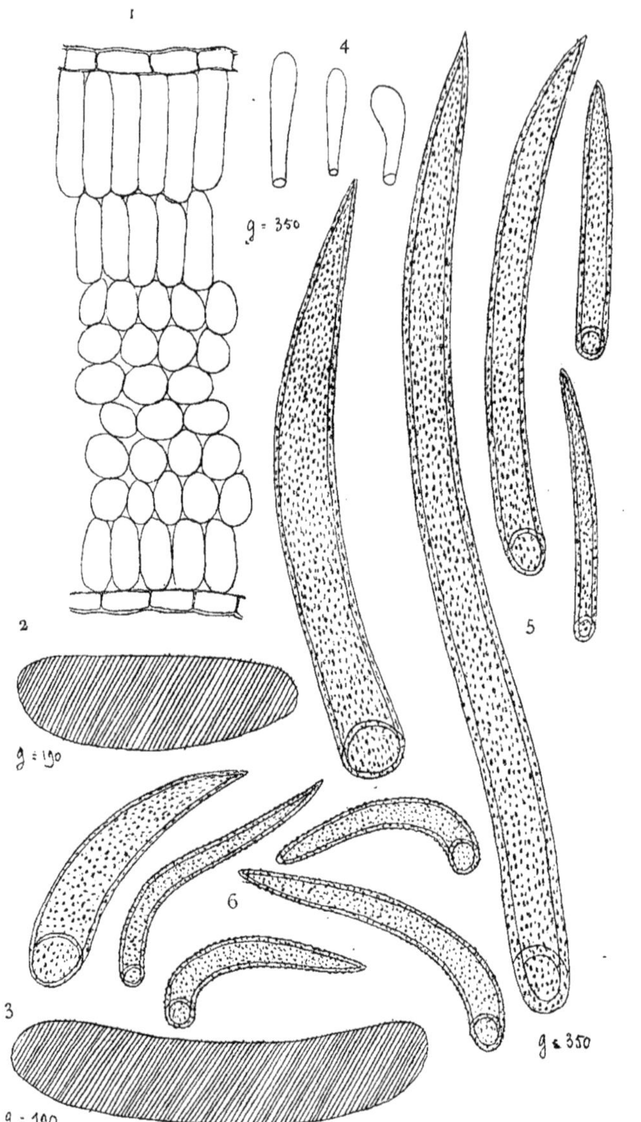

O. contorta
O. Veitchiana

DESSINS ANATOMIQUES D'O. CONTORTA ET O. VEITCHIANA

1, Coupe transversale de la feuille (grossissement : g = 350). — 2, Coupe transversale du faisceau ligneux d'O. contorta (g = 190). — 3, Coupe transversale du faisceau ligneux d'O Veitchiana (g = 190). — 3, Poils lisses (g = 350). — 5, Poils verruqueux dressé (g = 350). — 6, Poils verruqueux arqués-appliqués (g = 350).

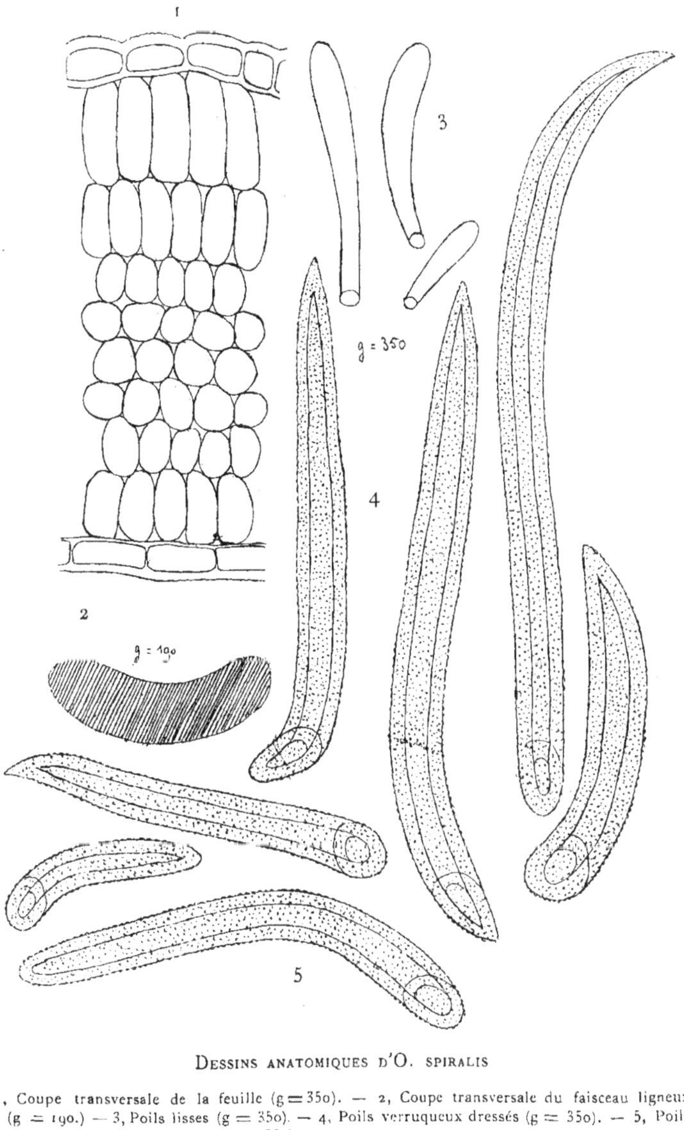

DESSINS ANATOMIQUES D'O. SPIRALIS

1, Coupe transversale de la feuille (g = 350). — 2, Coupe transversale du faisceau ligneux (g = 190.) — 3, Poils lisses (g = 350). — 4, Poils verruqueux dressés (g = 350). — 5, Poils verruqueux arqués-appliqués (g = 350).

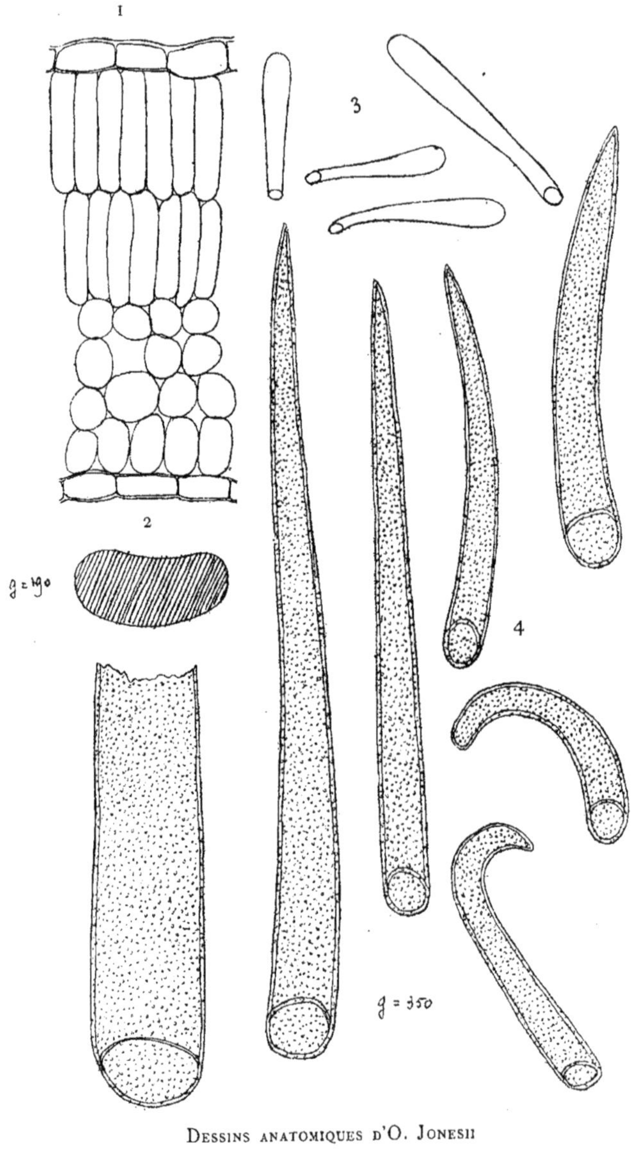

DESSINS ANATOMIQUES D'O. JONESII

1, Coupe transversale de la feuille (grossissement : g = 350). — 2, Coupe transversale du faisceau ligneux (g = 190). — 3, Poils lisses (g = 350). — 4, Poils verruqueux dressés ou inclinés (g = 350). — 5, Poils verruqueux arqués ou appliqués (g = 350).

NOTA. — Les lettres a a', et les signes ✱, indiquent les points de raccord des deux parties d'un même poil, scindé pour la commodité du dessin.

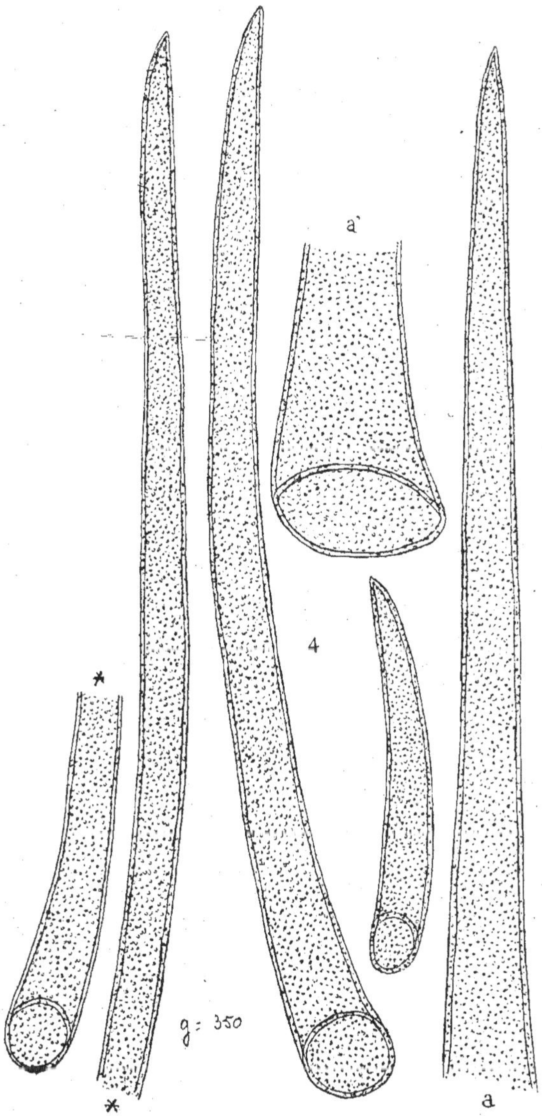

DESSINS ANATOMIQUES D'O. JONESII (*suite*)
(Voir légende précédente)

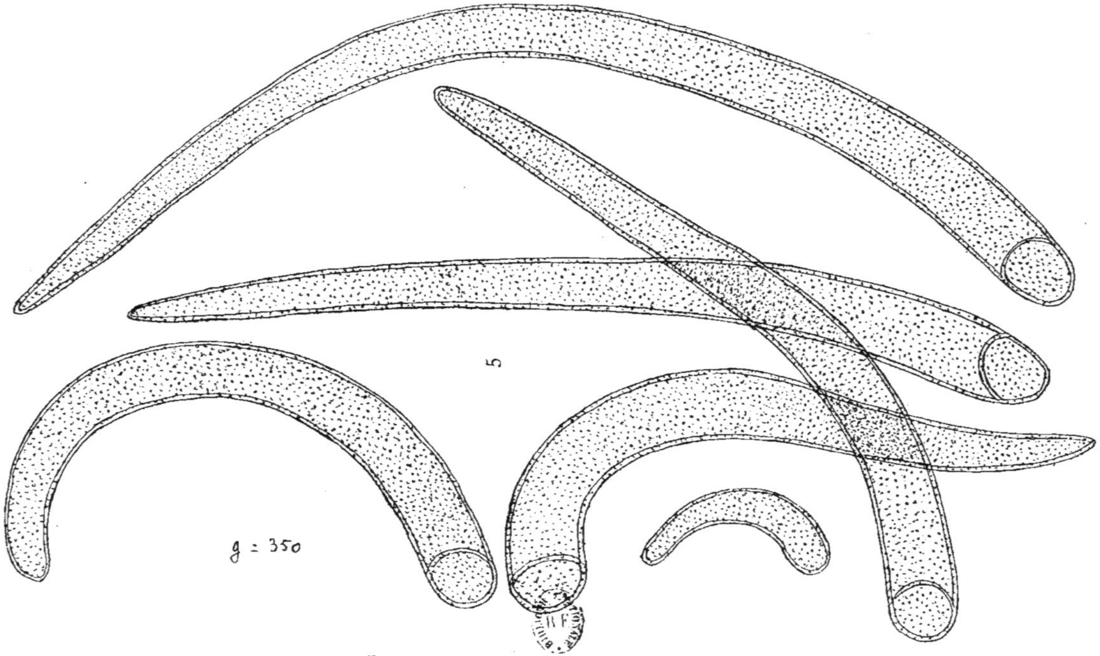

DESSINS ANATOMIQUES D'O. JONESII (*fin*)

(Voir légende de la première planche)

www.ingramcontent.com/pod-product-compliance
Ingram Content Group UK Ltd.
Pitfield, Milton Keynes, MK11 3LW, UK
UKHW031910260826
14628UKWH00003B/1103

9 782014 090253